W0322649

Schroedel
westermann

Elemente der Mathematik

EdM

Arbeitsheft 6

Lösungen • Baden-Württemberg

Elemente der Mathematik

Arbeitsheft 6 – Baden-Württemberg

Herausgegeben von
Prof. Dr. Heinz Griesel
Prof. Helmut Postel
Friedrich Suhr
Werner Ladenthin
Matthias Lösche

Bearbeitet von
Julia Berlin-Bonn, Dr. Beate Goetz, Bodo Paul Hoffmann, Jens Köcher, Werner Ladenthin, Matthias Lösche, Ines Petzschler, Friedrich Suhr, Klaas Wiggers

Lösungen zum Arbeitsheft 6 Baden-Württemberg, Bestellnummer 85910

westermann GRUPPE

Druck A^2 / Jahr 2017

Alle Drucke der Serie A sind im Unterricht parallel verwendbar.

Redaktion: Lena Schenk, Claus Peter Witt
Umschlagsentwurf: LIO Design GmbH, Braunschweig
Umschlagsfoto: mauritius images, Mittenwald (Danita Delimont/David Wall)
Innenlayout: JANSSEN KAHLERT Design & Kommunikation GmbH, Hannover
Illustrationen: Dietmar Griese, Laatzen
Zeichnungen: Langner & Partner, Hemmingen; Birgit und Olaf Schlierf, Lachendorf
Druck und Bindung: westermann druck GmbH, Braunschweig

ISBN 978-3-507-**85911**-1

1.1 Dezimalzahle Schreibweise für Bruchzahlen

1.1.1 Schreibweise und Aufbau von Dezimalzahlen

3 **1.** Steinbach: $\frac{237}{10}$; Halsall: $\frac{2252}{100}$; Jager: $\frac{2181}{100}$; Popow: $\frac{2164}{100}$; Cielo: $\frac{2091}{100}$

2. a)

Aufgabe	r	f	Korrektur	Aufgabe	r	f	Korrektur
$0{,}26 = \frac{26}{10}$		x	$0{,}26 = \frac{26}{100}$	$\frac{7842}{1000} = 7{,}842$	x		
$\frac{76}{100} = 0{,}76$	x			$\frac{23}{50} = 23\,\%$		x	$\frac{23}{50} = \frac{46}{100} = 46\,\%$
$7{,}831 = \frac{7}{831}$		x	$7{,}831 = 7\frac{831}{1000}$	$5\frac{8}{100} = 5{,}08$	x		
$1\frac{2}{10} = 1{,}210$		x	$1\frac{2}{10} = 1{,}2$	$\frac{9}{1000} = 0{,}009$	x		
$0{,}08 = \frac{8}{10}$		x	$0{,}08 = \frac{8}{100}$	$30\,\% = 0{,}03$		x	$30\,\% = 0{,}3$

b) $\frac{4}{10} = 0{,}4 = 40\,\%$

3.

0,7	0,85	0,045	0,009	2,4	3,08	4,26	87,1
5,07	0,008	0,03	0,09	0,208	0,4	0,75	3,079

1.1.2 Umformen durch Erweitern und Kürzen

4. –

4 **5.** Es ergibt sich das folgende Muster:

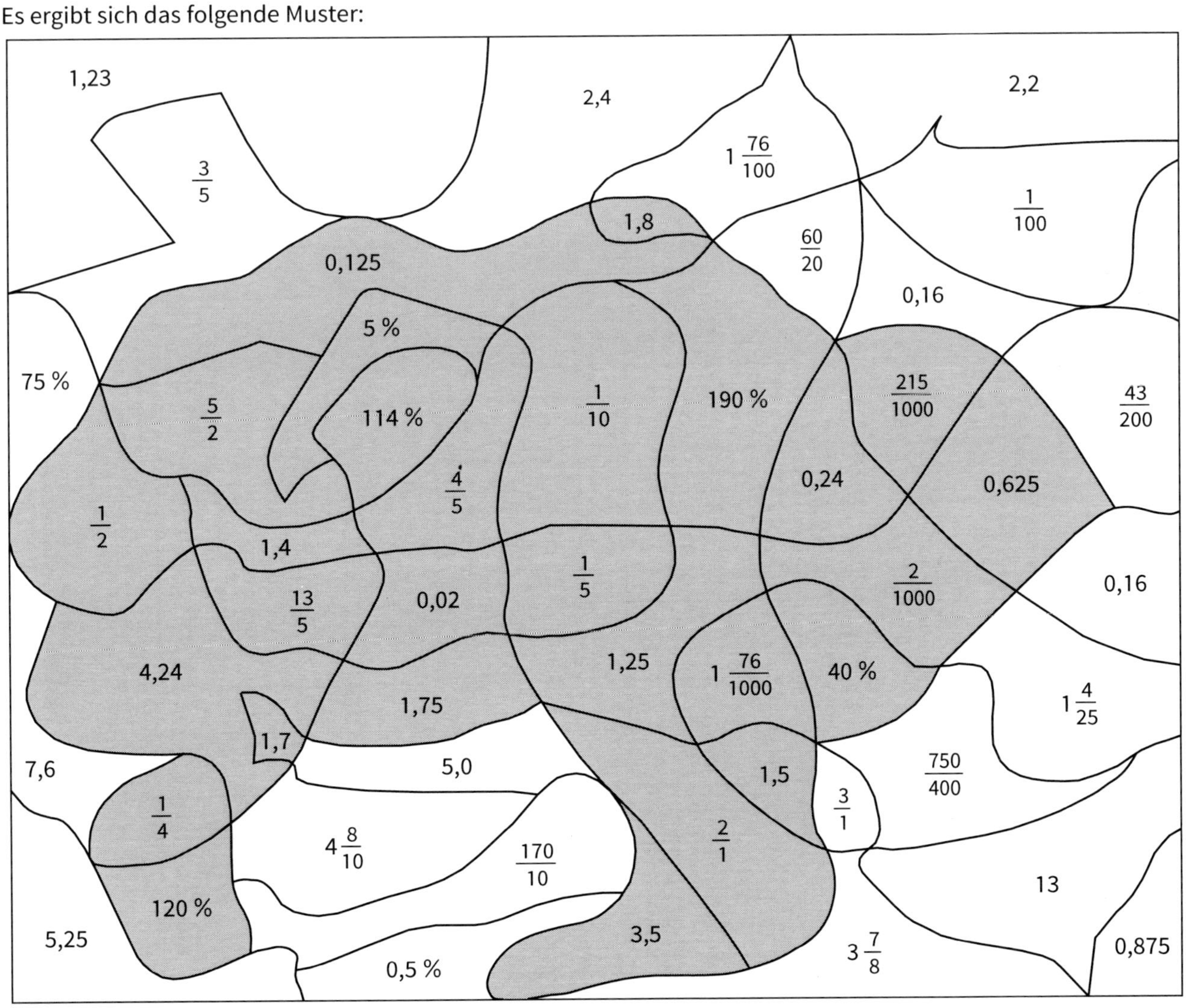

1.2 Vergleichen und Ordnen von Dezimalzahlen

5

6. **a)**

Stelle	D	E	Z	I	M	A	L
Dezimalzahl	5,73	5,86	5,25	6,07	5,42	5,06	6,25

b) D < E Z > A I >D Z < L L > M

7. **a)** 2,75 > 2,57; 0,101 > 0,100; 0,607 < 0,670
b) 0,6 > 0,55; 1,75 > 1,3; 0,355 > 0,345
c) 0,356 < 0,56; 88,008 > 8,808; 1,97 < 2,306
d) 0,05 < 0,5; 0,80 = 0,800; 48,07 = 48,070

8.

	Weite	Name	Jahr	Land
1.	104,80	Hohn	1984	DDR
2.	99,72	Petranoff	1983	USA
3.	98,48	Zelezny	1996	CZE
4.	89,10	Boden	1990	SWE
5.	86,74	Lievore	1961	ITA
6.	86,04	Cantello	1959	USA
7.	78,70	Nikkanen	1938	FIN
8.	62,32	Lemming	1912	SWE

In den Jahren 1983/84 wurden Rekorde aufgestellt, die bis heute nicht gebrochen sind. Trotzdem haben 1990 und 1996 Personen mit geringeren Weiten Rekorde erzielt. Eine mögliche Erklärung ist, dass es 1986 eine Regeländerung gab, die das Werfen neuer Rekorde erschwerte.

1.3 Runden von Dezimalzahlen - Säulendiagramme

9.

	44,346 m	1067,125 m	1,734 m	0,457 m	14577,499 m	8,517 m
Runde auf cm	44,35 m	1067,13 m	1,73 m	0,46 m	14577,5 m	8,52 m
Runde auf m	44 m	1067 m	2 m	0 m	14577 m	9 m
Runde auf dm	44,3 m	1067,1 m	1,7 m	0,5 m	14577,5 m	8,5 m
Runde auf 10 m	40 m	1070 m	0 m	0 m	14580 m	10 m

6

10. Sinnvoll sind die gerundeten Zahlen 58; 14; 29; 43; 11; 22. Dezimalzahlen machen in einem solchen Artikel wenig Sinn.

11. SD-Karte: 7,6 cm²; PC-Taste: 2,4 cm²; USB-Steckplatz: 0,5 cm²

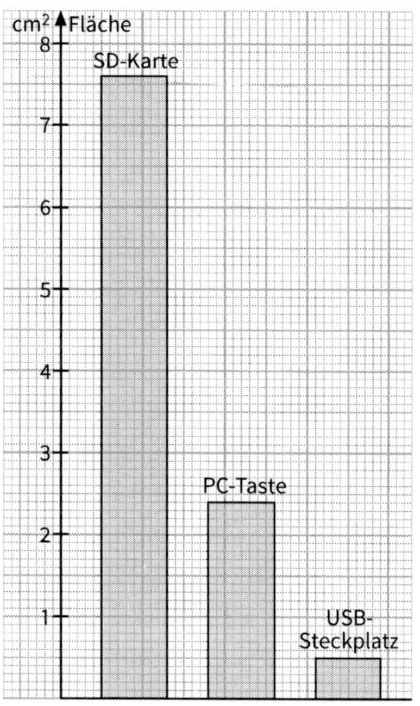

1.4 Addieren und Subtrahieren von Dezimalzahlen

6 **12.**

a)	6,6	7,3	8	8,7	9,4	10,1	10,8	11,5	12,2
b)	6,6	5,9	5,2	4,5	3,8	3,1	2,4	1,7	1
c)	0,5	0,75	1	1,25	1,5	1,75	2	2,25	2,5
d)	2	1,75	1,5	1,25	1	0,75	0,5	0,25	0

7 **13.**

		Endzeit	Zeitunterschied
1.	Felix Loch	96,375 s	
2.	Andy Langenhan	96,659 s	+ 0,284 s
3.	Johannes Ludwig	96,825 s	+ 0,166 s

14. a) 55 + 44,4 = 99,4 oder 5,5 + 4,44 = 9,94

b) wahr; 4,42 – 1,28 = 3,14 oder 44,2 – 12,8 = 31,4

c) 8 + 2,22 = 10,22

d) 176250 - 3125 = 173125

e) wahr oder 3,2 + 2,5 = 5,7

f) 647 – 43,5 = 603,5

g) wahr oder: 9,2 + 10,8 = 20,0

h) 735 + 0,9 = 735,9

i) 4,2 + 12 – 2,3 = 13,9

j) 1 + 2,45 – 3,06 = 0,39 oder …

k) 7,8 + 13,75 + 101 = 122,55

l) 170,5 – 17,05 – 1,705 = 151,745

15. a)

34,501			
22,75	11,751		
14,05	8,7	3,051	
7,35	6,7	2	1,051

b)

7,84			
6	1,84		
4,5	1,5	0,34	
3,123	1,377	0,123	0,217

16. a)

	2	4,	9	0	3
+	9	5,	7	7	9
+	3	9,	5	4	2
+	8	4,	2	2	1
2	2	2	1	1	
2	4	4,	4	4	5

b)

	5	0	3,	1	2
−	1	5	6,	4	2
	1	1	1		
	3	4	6,	7	0

c)

	7,	7	1	2	6	2	
−	0,	0	4	0	2	0	
−	6,	1	4	8	3	5	
−	1,	4	1	4	5	2	
		1	2	1	1		
	0,	2	0	9	5	5	

Die Lösung zu Aufgabenteil a) ist nicht eindeutig. Es gibt verschiedene Lösungsmöglichkeiten.

17. 1057,62 = 383,4 + 674,22 | 45,5 = 22,2 + 23,4 | 7,1 = 3,4 + 3,7 | 5,8 = 3,9 + 1,9

255,9 = 106,1 + 149,8 | 8,66 = 8,12 + 0,54 | 8,1 = 4,5 + 3,6 | 35,2 = 23,3 + 11,9

105,6 = 40,5 + 65,1 | 2,89 = 1,78 + 1,11

Bist du kompetent im Umgang mit Größen und Messen Brüchen und Dezimalzahlen?

8

18. a)

Süßwaren	Gerundete Menge	Anteil
Schokolade	10 kg	31,25 %
Zuckerwaren	6 kg	18,75 %
Feine Backwaren	7 kg	21,875 %
Knabberartikel	3 kg	9,375 %
Sonstiges	6 kg	18,75 %
Gesamtmenge	32 kg	100 %

b) 1. Addition der Mengen und dann Prozentwerte berechen:
$(7 + 3) : 32 = \frac{10}{32} = 31{,}25\,\%$

2. Addition der Prozentwerte der Tabelle:
$21{,}875\,\% + 9{,}375\,\% = 31{,}25\,\%$

Beide Wege führen zum gleichen Ergebnis.

19. geordnete Weiten: 2,96 m < 3,12 m < 3,12 m < 3,45 m < 4,23 m < 4,32 m

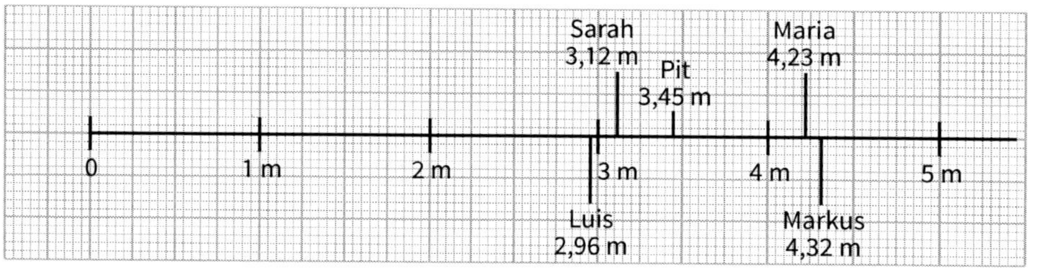

20. a) **b)** **c)**

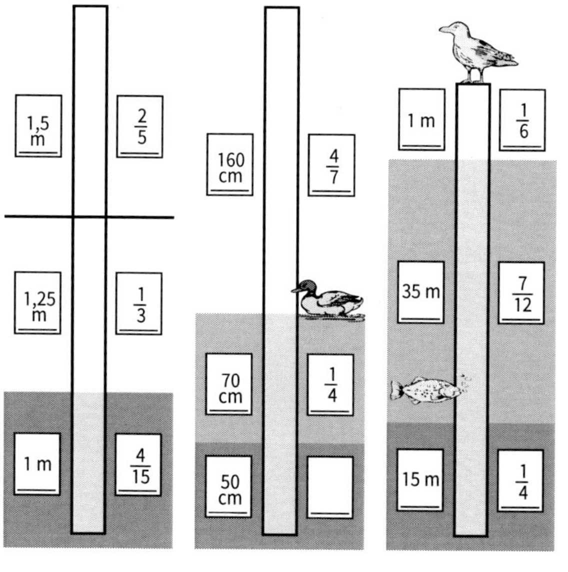

zu **c)** Ein Stab zur Höhenmessung wird 1,5 m in den Boden eines Sees gegraben. $\frac{7}{12}$ seiner Länge sind unter, 1 m über Wasser.

1.5 Multiplizieren und Dividieren von Dezimalzahlen mit Stufenzahlen

9

21.

0,4 · 100 = 40	8,1 : 10 = 0,81	3145,27 : 100 = 31,4527
0,34 · 10 = 3,4	513,77 : 1000 = 0,51377	6,88 · 10 = 68,8
1,345 · 1000 = 1345	3,7 : 100 = 0,037	1,64 · 100 = 164
32,742 · 10 = 327,42	0,62 : 100 = 0,0062	13,245 : 100 = 0,13245
0,07 · 1000 = 70	0,0289 : 10 = 0,00289	5,55 : 100 = 0,0555

Lösung:

1	2	3	4	5	6	7	8	9	10	11	12	13	14	15
V	E	R	T	R	E	T	U	N	G	S	P	L	A	N

1.6 Multiplizieren von Dezimalzahlen

9 **22. a)** 0,47 · 1,3 **b)** 1,58 · 0,9 **c)** 1,7 · 3,1 **d)** 2,5 · 1,8

a)	b)	c)	d)
≈ 0,5 · 1,3	≈ 1,5 · 1	≈ 1,7 · 3	≈ 2,5 · 2
= 0,65	= 1,5	= 5,1	= 5

```
0,47 · 1,3      1,58 · 0,9      1,7 · 3,1      2,5 · 1,8
      470           1,422           510            250
      141                            17            200
     0,611                         5,27           4,50
```

23. 0,354 · 5,46 = 0,546 · 3,54   35,4 · 54,6 = 3,54 · 546   2,41 · 0,242 = 0,241 · 2,42

74,28 · 0,0152 = 7,428 = 0,152   0,7428 · 15,2 = 7,428 · 1,52   2,41 · 2,42 = 0,241 · 24,2

1.7 Dividieren von Dezimalzahlen

1.7.1 Dividieren von Dezimalzahlen durch natürliche Zahlen

10 **24. a)**

```
7,95 : 5 = 1,59
5
29
25
 45
 45
  0
```

b)

```
24,3 : 6 = 4,05
24
 03
  0
  30
  30
   0
```

c)

```
18,14 : 4 = 4,535
16
 21
 20
  14
  12
   20
   20
    0
```

1.7.2 Dividieren von Dezimalzahlen durch Dezimalzahlen

25.

Aufgabe	19,1193 : 1,01	6,2371 : 0,97
Schätzung	Quotient größer als Dividend?	Quotient größer als Dividend? ....
Rechnung	19,1193 : 1,01 = 18,93 101 901 808 939 909 303 303 0	6,2371 : 0,97 = 6,43 582 417 388 291 291 0
Ergebnis	18,93	6,43

10 **26.** Super Plus: 50 € : 1,284 ≈ 38,94 € Super: 50 € : 1,294 ≈ 40,03 €

Er würde ca. 38,94 l SuperPlus erhalten und ca. 40,03 l Super. Er erhält also 1,09 l Super mehr.

11 **27.** 1,543 : 1,874 = 1543 : 1874 0,3501 : 14,97 = 35,01 : 1497
5,641 : 12,85 = 0,5641 : 1,285 111,3 : 5,445 = 1,113 : 0,0545
Die anderen Aufgaben haben keine passenden Partner.

1.8 Vermischte Übungen zu allen Rechenarten

28. a) Summe:

4,625				
2,375	2,25			
1,1875	1,1875	1,0625		
0,5625	0,625	0,5625	0,5	
0,3125	0,25	0,375	0,1875	0,3125

b) Produkt:

1,25				
0,4	3,125			
0,16	2,5	1,25		
0,08	2	1,25	1	
0,2	0,4	5	0,25	4

29.

:	0,5				
·	0,07	0,14			
–	0,1	0,7	0,2		
+	1,4	1,3	0,6	0,4	
	0,6	0,8	0,5	0,1	0,3

30.

Rätsel von König Zahl	Gesuchte Zahl
Die Summe aus 0,625 und der gesuchten Zahl beträgt 1,125	0,5
Die Differenz von 0,7 und dem gesuchten Subtrahenden ist 0,46	0,24
Der Quotient des gesuchten Dividenden und des Divisors 0,7 ist 3,5	2,45
Das Produkt beträgt 0,108. Mit welcher Zahl wurde 0,6 multipliziert?	0,18

1.9 Abbrechende und periodische Dezimalzahlen

1.9.1 Umformen von Brüchen in Dezimalzahlen

12 **31.** $\frac{8}{10} = 0{,}8$; $\frac{3}{5} = 0{,}3$; $\frac{9}{75} = 0{,}12$; $\frac{23}{500} = 0{,}046$; $\frac{52}{40} = 1{,}3$

```
14 : 18 = 0,77... = 0,7̄
 0
140
126
 140
 126
  140
   ⋮

6 : 11 = 0,545...
0
60      = 0,5̄4̄
55
 50
 44
  60
  55
   50
    ⋮

5 : 14 = 0,35714283...
0
50          = 0,3571428 (Periode 571428)
42
 80
 70
 100
  98
   20
   14
    60
    56
     40
     28
     120
     112
       80
       70
       100
         ⋮
```

$14 : 18 = 0{,}77\ldots = 0{,}\overline{7}$

$6 : 11 = 0{,}545\ldots = 0{,}\overline{54}$

$5 : 14 = 0{,}35714283\ldots = 0{,}3\overline{571428}$

32. Setze eines der Zeichen <, > oder = ein.

$0{,}\overline{3} < 0{,}34$	$0{,}\overline{36} < 0{,}37$	$1{,}\overline{1} > 1\frac{1}{10}$	$0{,}\overline{6} > \frac{2}{6}$
$0{,}3\overline{4} > \frac{1}{3}$	$0{,}\overline{8} > 0{,}875$	$9\frac{2}{5} > 9{,}3\overline{5}$	$\frac{8}{20} < 0{,}4\overline{1}$

1.9.2 Umformen von Dezimalzahlen in Brüche

33.

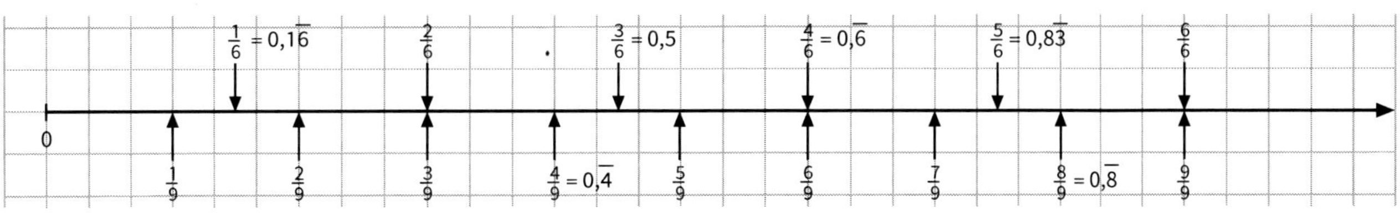

2.1 Kreise

13 **1.** Durchmesser: $\overline{CE}$ Radius: $\overline{AC}, \overline{AE}, \overline{AB}$ Sehne: $\overline{DE}, \overline{CE}, \overline{BC}$ Mittelpunkt: A

2. a) falsch; **b), c), d)** wahr

3. a) r = 5 cm, d = 10 cm

b) M (5 | 5)

c)

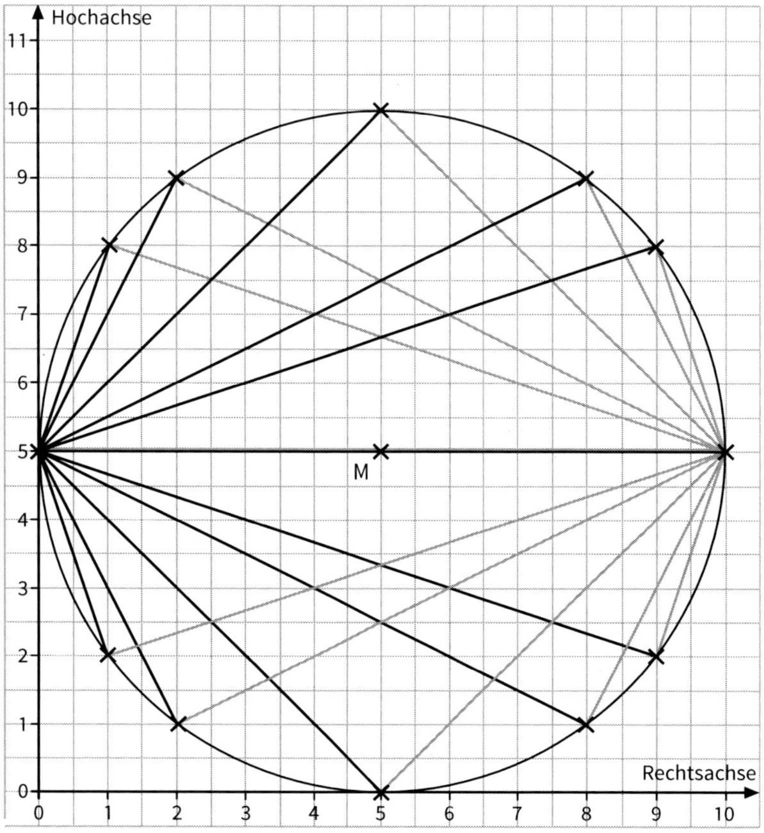

d) orthogonal zueinander sind:

- jeweils die beiden Sehnen, die sich in den markierten Punkten schneiden (außer (0 | 5) und (10 | 5))
- in (0 | 5) und (10 | 5) sind orthogonal:
  die längste und die kürzeste Sehne (außer Durchmessersehne), zweitlängste und zweitkürzeste Sehne und drittlängste und drittkürzeste Sehne.
  Parallel zueinander sind:
  Sehnen von (6 | 5) zu einem der anderen Punkte und entsprechende Sehne von (10 | 5) zum ensprechenden Punkt auf der gegenüber liegenden Sehne des Durchmessers.
  Gleichlang sind jeweils die vier Sehnen von (0 | 5) bzw. (10 | 5) zu den einzelnen Punkten links und rechts (z. B. von (0 | 5) nach (1 | 8) und (1 | 2) sowie von (10 | 5) nach (9 | 8) und (9 | 2)).

2.2 Winkel

2.2.1 Begriff des Winkels

14 **4. a)**

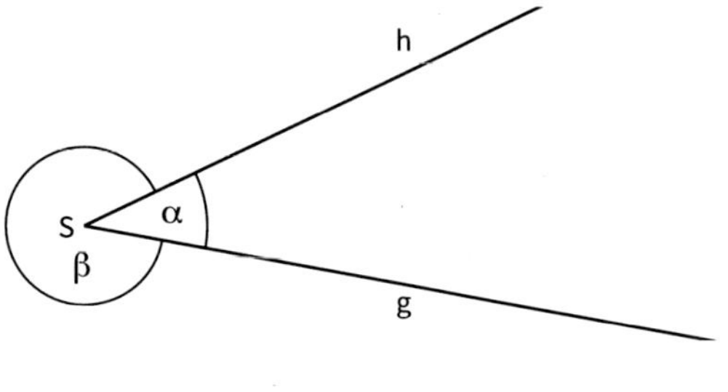

b) Winkel werden in der Regel gegen den Uhrzeigersinn abgetragen. Liegt die Gerade g der Konstruktion zu Grunde, so entsteht der Winkel α. Liegt die Gerade h zu Grunde, so entsteht der Winkel β.

14 **5.**

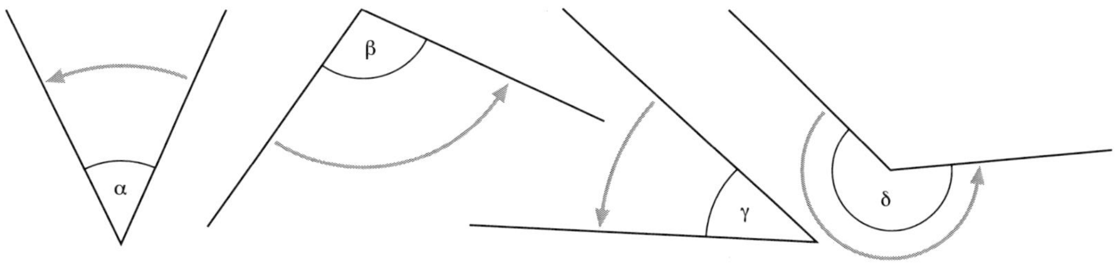

6.

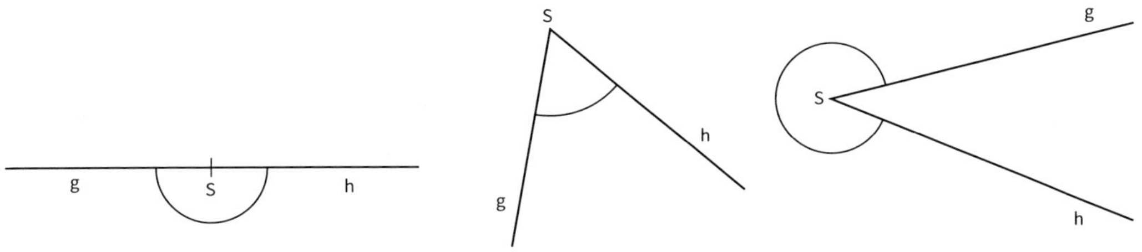

2.2.2 Messen von Winkeln – Winkelarten

7.

Bild (1)	Bild (2)	Bild (3)	Bild (4)	Bild (5)	Bild (6)
spitzer Winkel	gestreckter Winkel	überstumpfer Winkel	rechter Winkel	stumpfer Winkel	Vollwinkel
$0° < \alpha < 90°$	$\alpha = 180°$	$180° < \alpha < 360°$	$\alpha = 90°$	$90° < \alpha < 180°$	$\alpha = 360°$

15 **8. a)**

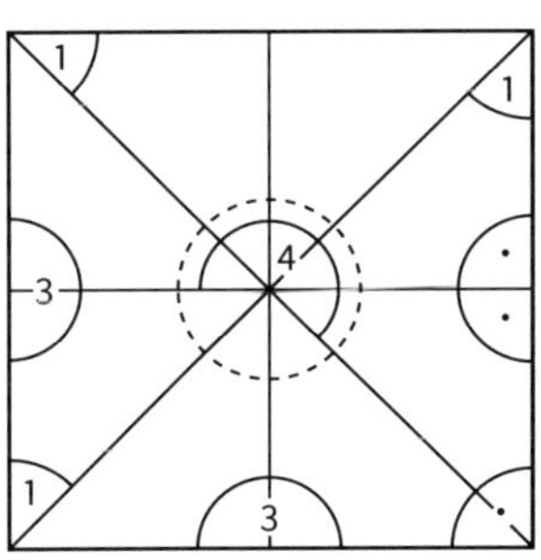

1 spitzer Winkel
· rechter Winkel
4 überstumpfer Winkel
3 gestreckte Winkel
◌ Vollwinkel

b) –

9. –

10. a) Vollwinkel: 360°; 360 Teile; Teilstrich: 1°

b) Eingezeichnete Winkel siehe rechts.
Es bleibt ein Winkel von 60° übrig.

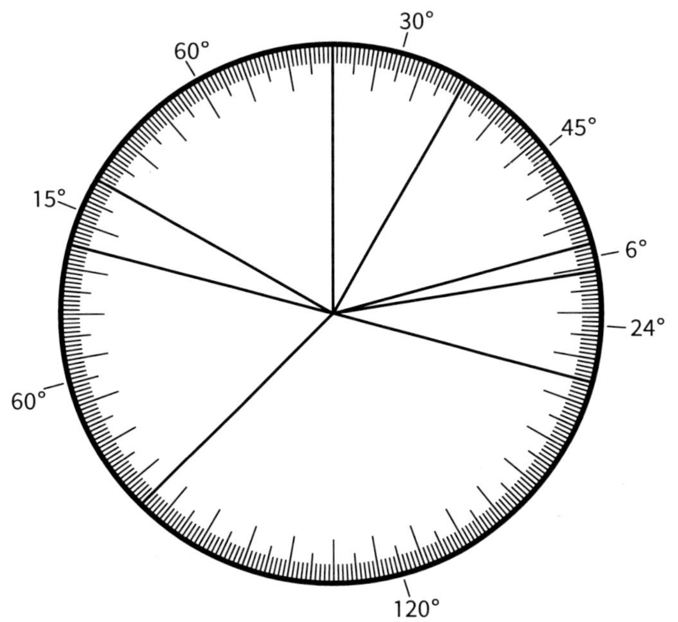

16 **11. a)** 1-2-4; 1-2-7; 4-2-7; 7-2-8; 8-2-9; 9-2-6; 9-2-3; 6-2-3; 4-2-8; 8-2-6; 7-2-9; 7-2-6; 4-2-9

b) 1-2-8; 8-2-3; 4-2-6

c) 1-2-3

d) 7-2-3 (1-2-9); 4-2-3 (1-2-6)

12. –

13. –

14. Es handelt sich um die Zeiger einer Uhr.

2.2.3 Zeichnen von Winkeln

17 **15.** Biene A: Wabe 1; Biene B: Wabe 9; Biene C: Wabe 3; Biene D: Wabe 7

2.3 Achsensymmetrie – Spiegeln an einer Geraden

2.3.1 Achsensymmetrie

18 **16.**

17.

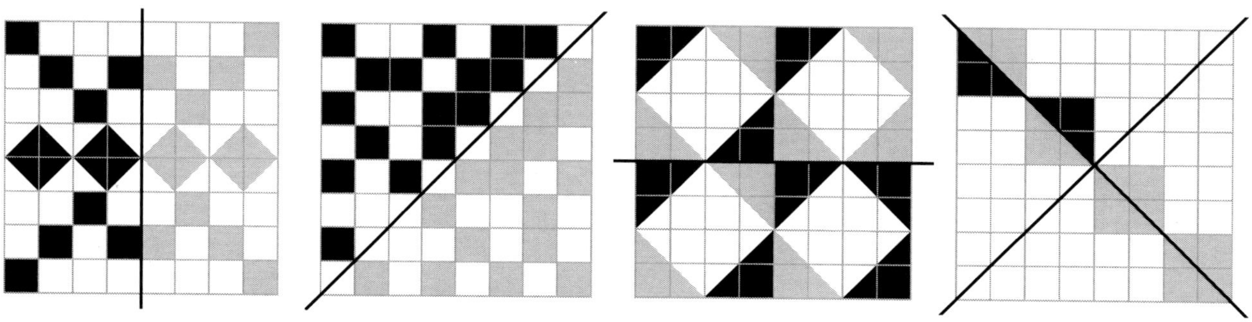

18. a) Saardom: Bruder, da der linke Turm z. B. andere Fenster hat.
Meissen-Dom: Zwillinge, da die beiden Türme sich spiegelbildlich nicht unterscheiden.

b)/c)/d)–

2.3.2 Spiegeln an einer Geraden

19 **19.**

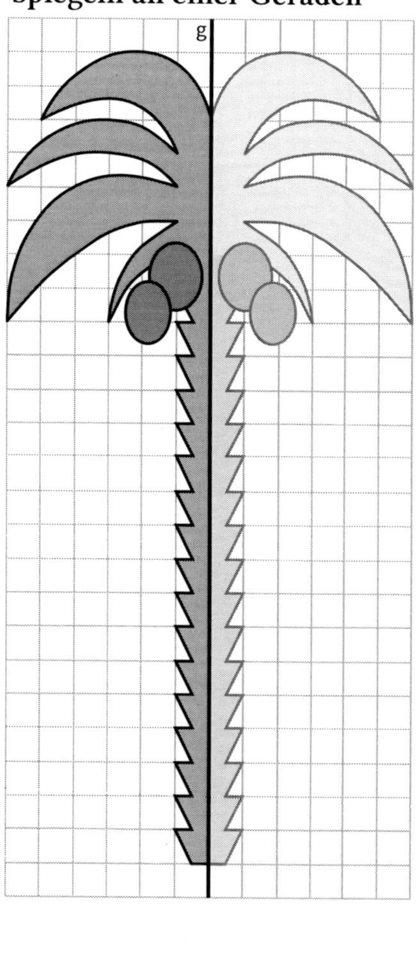

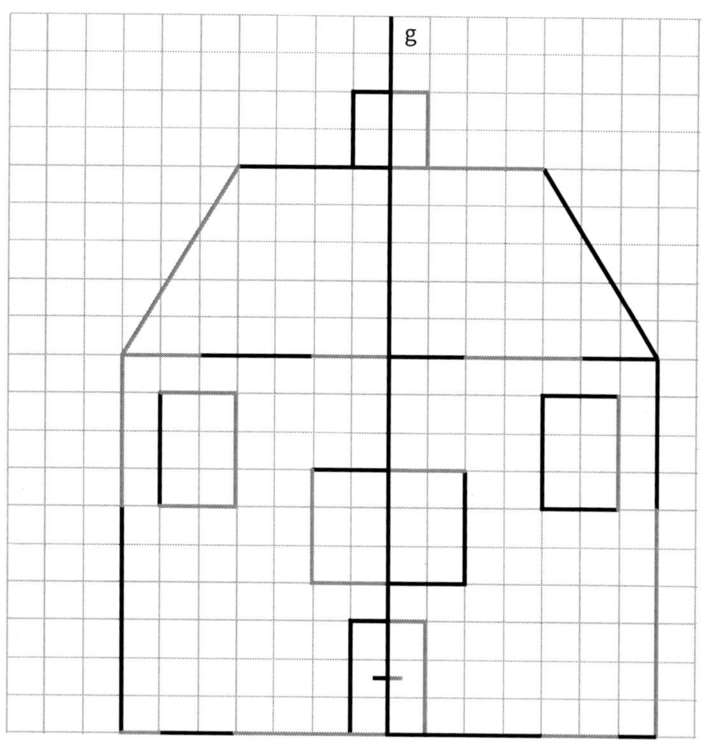

19 **20. a)** bis **c)**

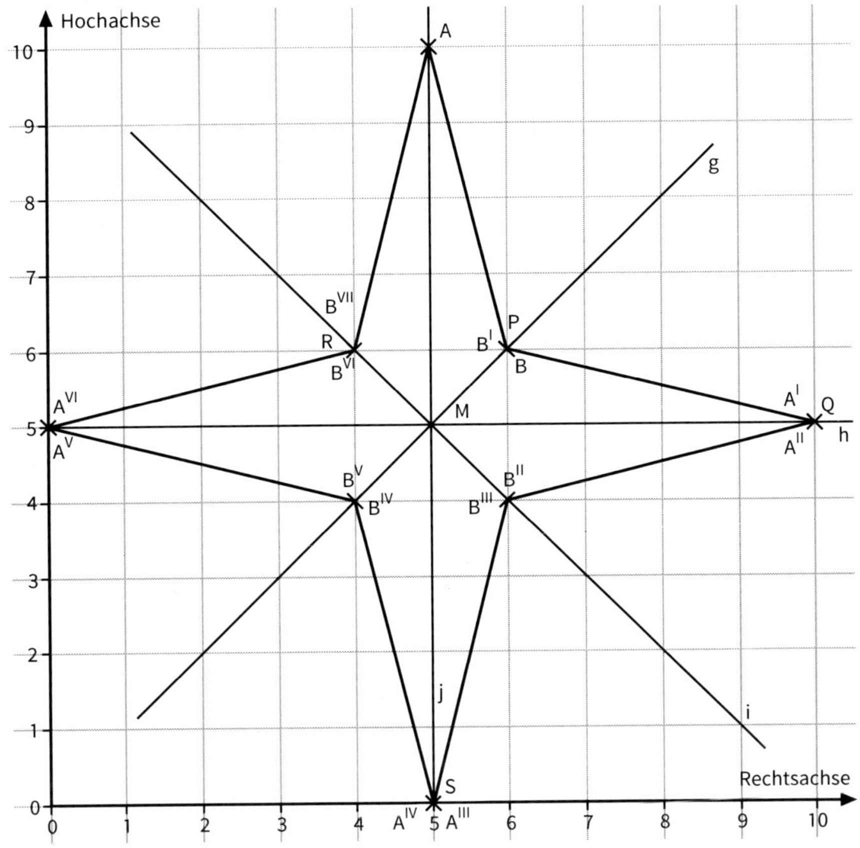

d) A (5|10), R = B^{VI} = B^{VII} (4|6), A^{V} = A^{VI} (0|5), B^{IV} = B^{V} (4|4),
S = A^{III} = A^{IV} (5|0), B^{II} = B^{III} (6|4), A^{I} = A^{III} (10|5), P = B = B^{I} (6|6)

20 **21. a)** und **b)**

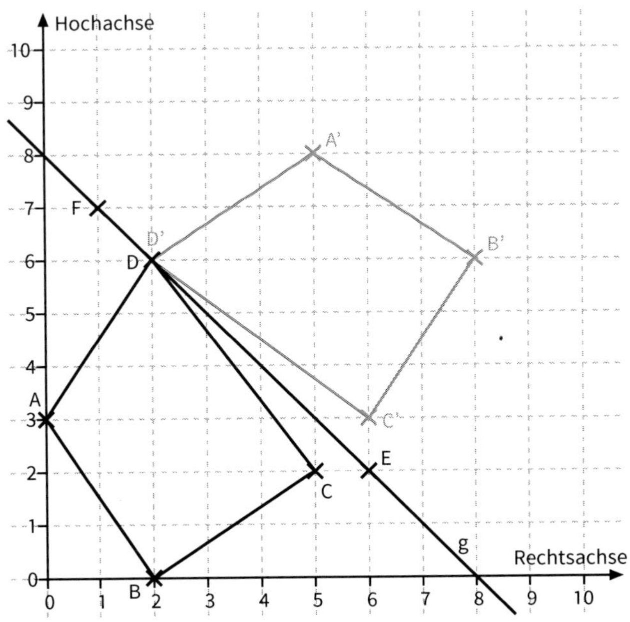

c)

|AB| = 2,5	|A'B'| = 2,5	$\alpha = 112{,}6°$	$\alpha' = 112{,}6°$
|BC| = 2,1	|B'C'| = 2,1	$\beta = 90°$	$\beta' = 90°$
|CD| = 4,7	|C'D'| = 4,7	$\gamma = 86{,}8°$	$\gamma' = 86{,}8°$
|AD| = 2,5	|A'D'| = 2,5	$\delta = 70{,}6°$	$\delta' = 70{,}6°$

20 **22.**

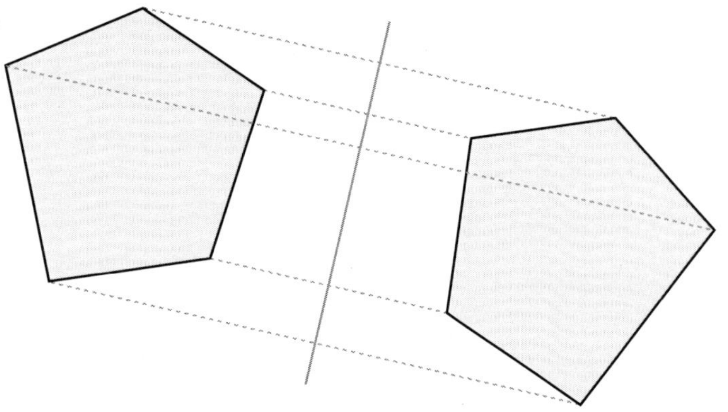

Ziehe für zwei beliebige Punkte des linken Vielecks jeweils eine Strecke zum jeweiligen Spiegelpunkt. Bestimme den Mittelpunkt der Strecken und lege hierdurch eine senkrechte Gerade. Dies ist die Spiegelachse.

2.4 Punktsymmetrie – Spiegeln an einem Punkt

21 **23.**

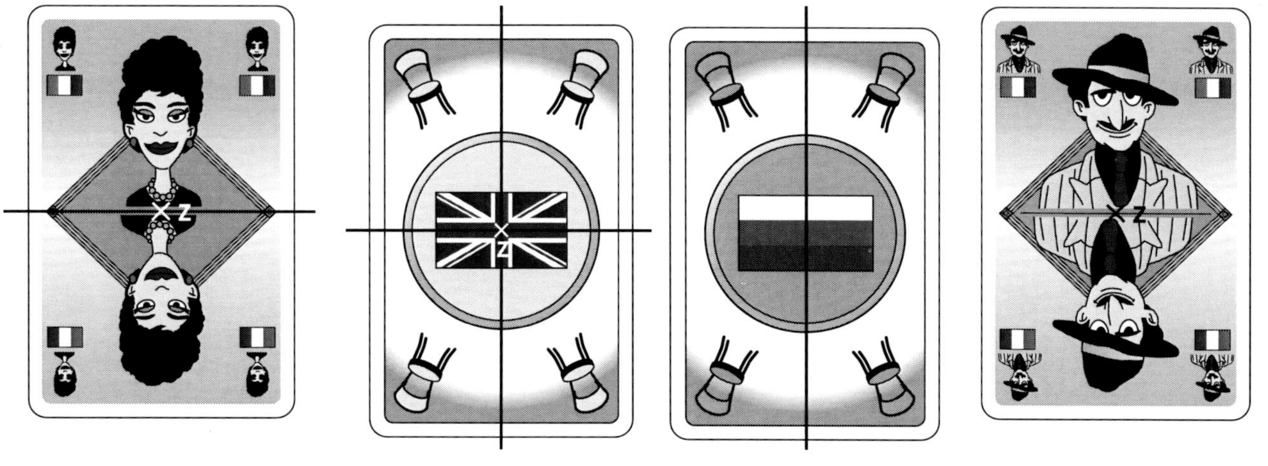

Punktsymmetrisch: Karten 1, 2 und 4 Achsensymmetrisch: Karten 1, 2, und 3

24.

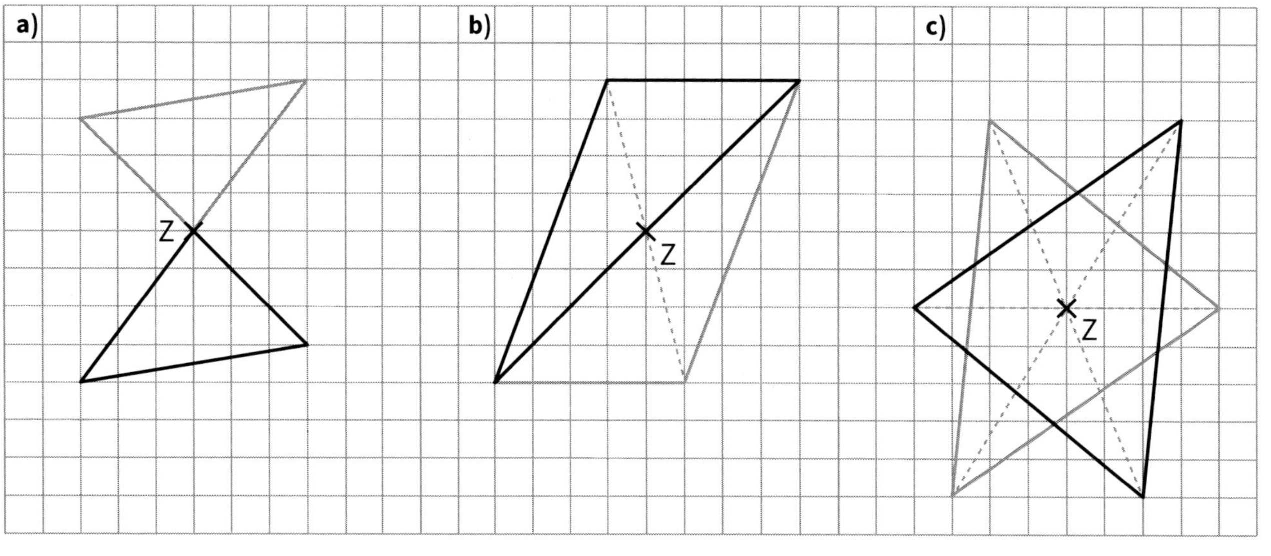

21 **25. a)**

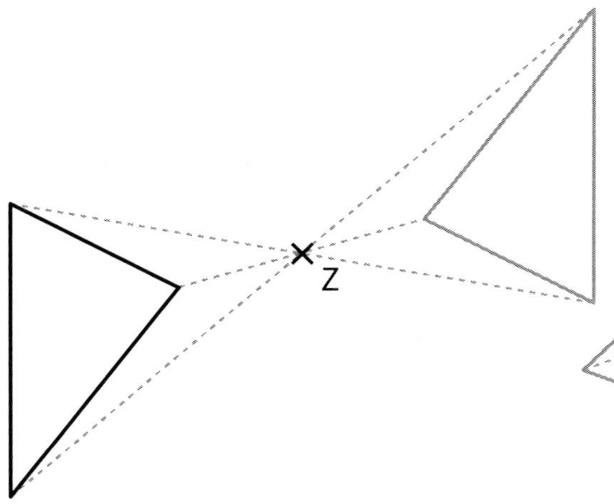

b)

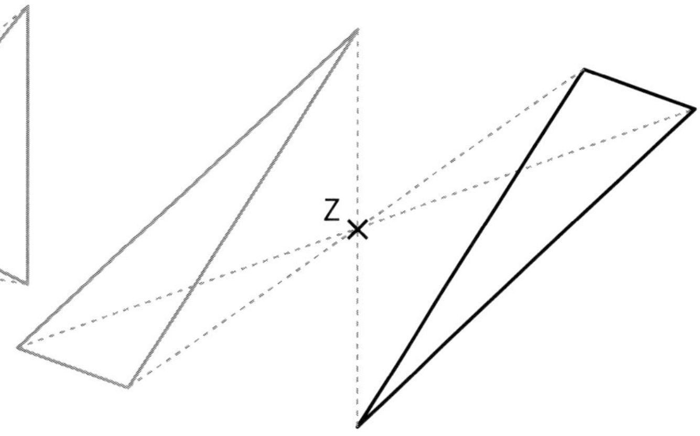

22 **26.** Tobias hat leider nicht richtig gespiegelt. Figur b) ist nicht punkt- sondern achsensymmetrisch.

a)

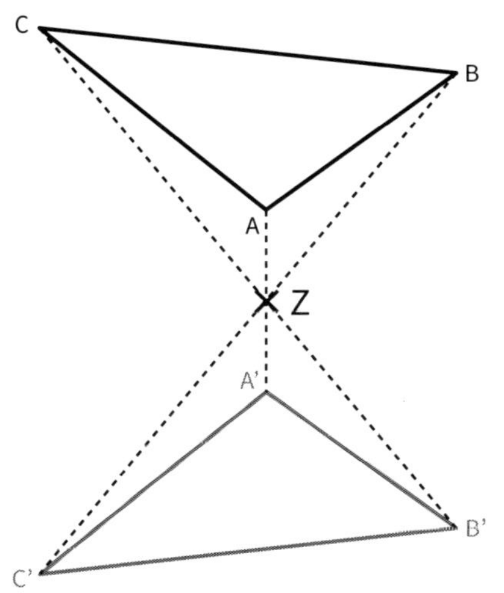

b)

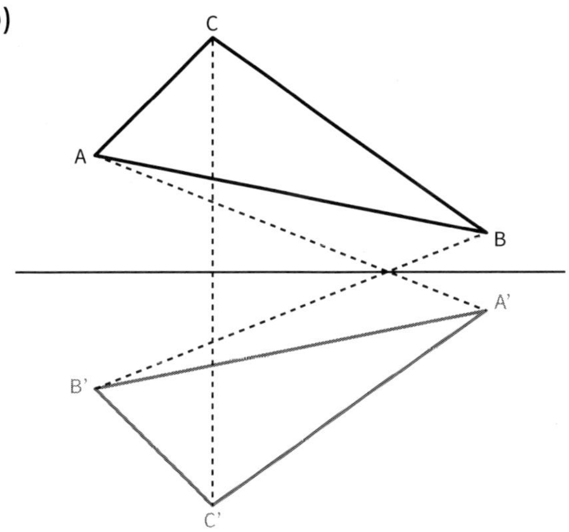

27.

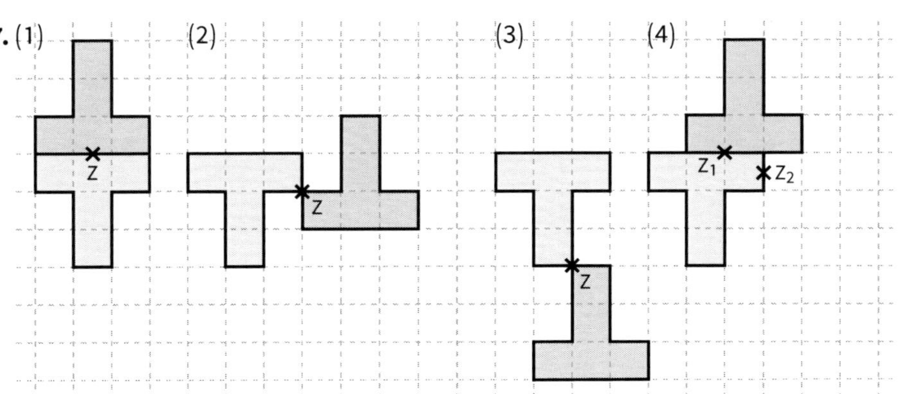

Spiegelfigur ist:
(1) blau **(2)** blau
(3) blau **(4)** blau und gelb

28. a) (1)

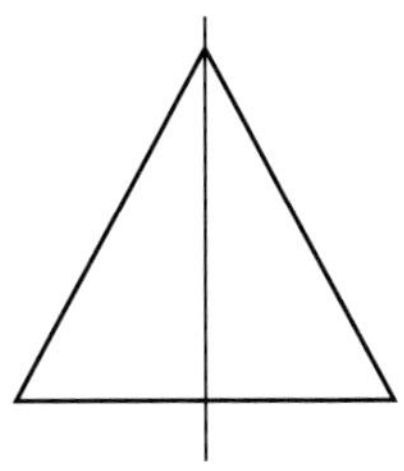

(2) z. B. Figur (2) aus Aufgabe 26

(3)

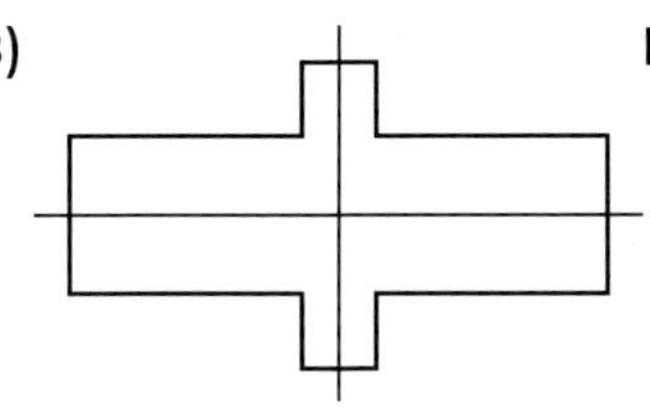

b) (1), (2) nicht möglich

2.5 Besondere Dreiecke

23 **29.a)**

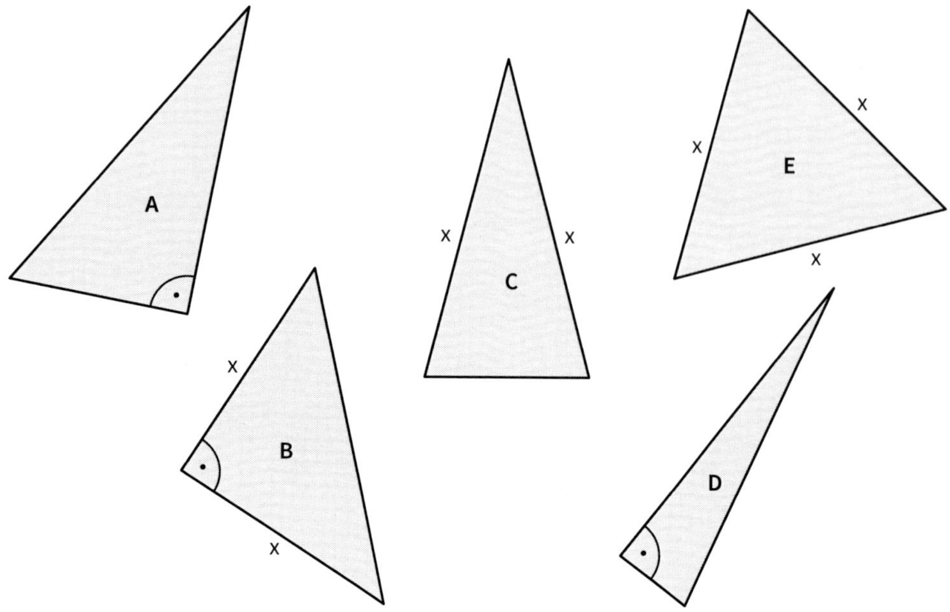

b)

	A	B	C	D	E
gleichschenklig		x	x		x
gleichseitig					x
rechtwinklig	x	x		x	
spitzwinklig	x	x	x	x	x
stumpfwinklig					

30.a)/b) (1) rechtwinkliges Dreieck, (2) gleichschenkliges Dreieck, (3) gleichseitigen Dreieck.
z.B.

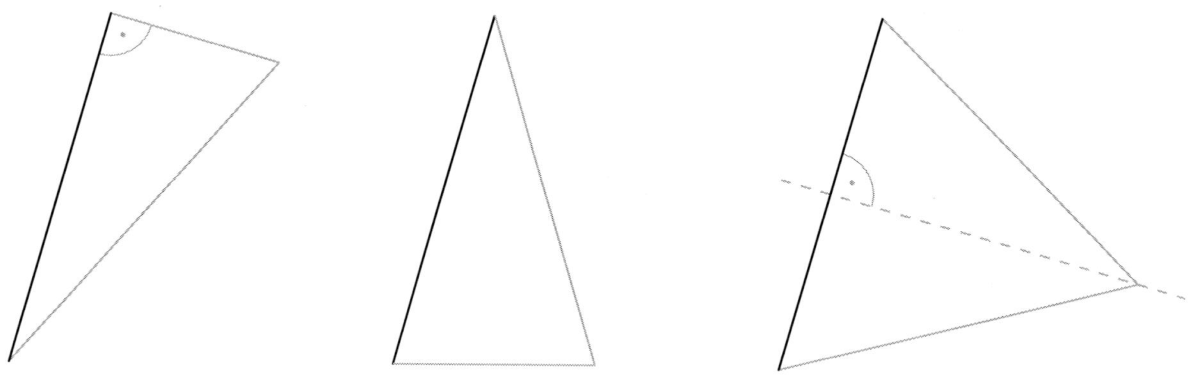

2.6 Darstellungsformen von Körpern

24 **31.** Es ergeben sich das folgenden Schrägbild und Netzt des Prismas:

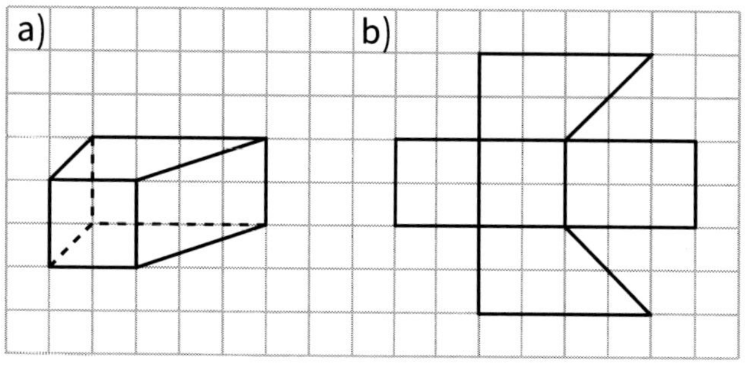

24

32. a)

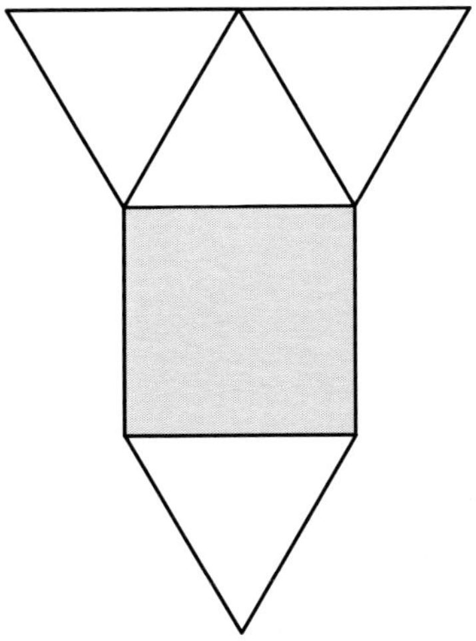

b)

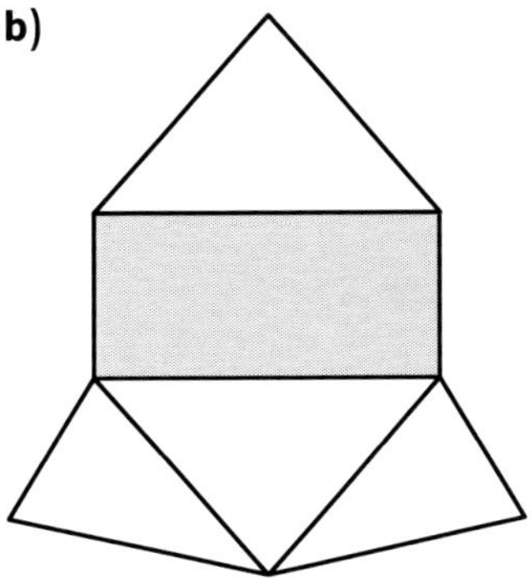

oder

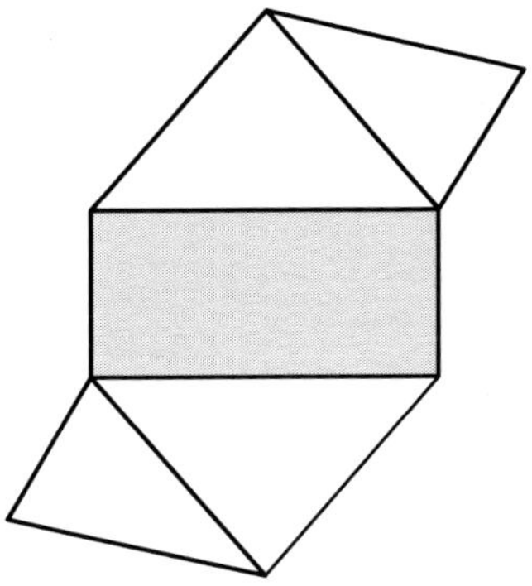

c)

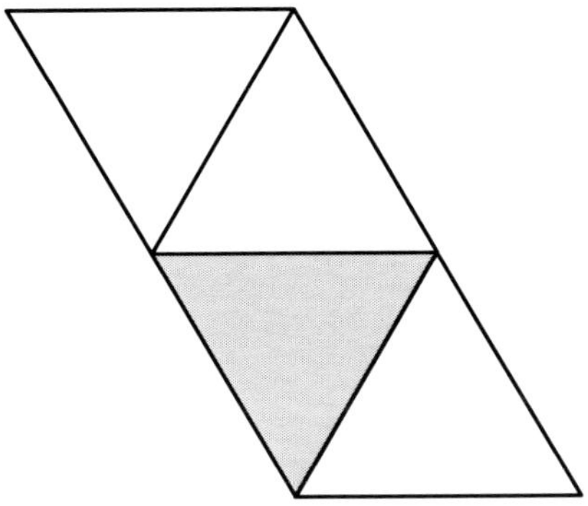

33. a) (1)

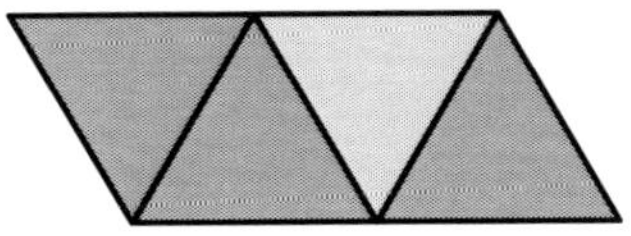

(2)

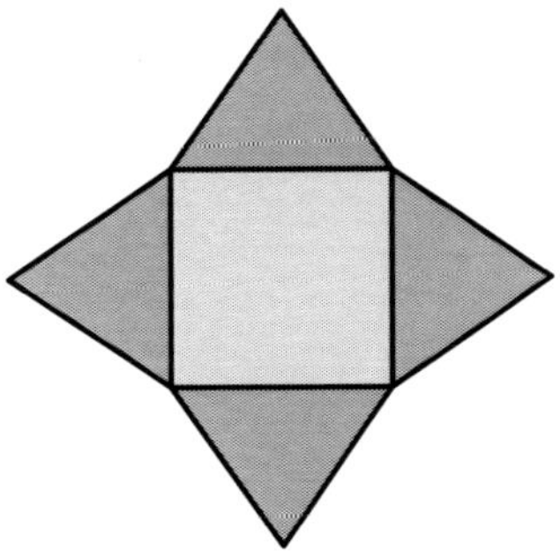

b)

Pyramide	(1)	(2)
Flächen	4	5
Kanten	6	8
Ecken	4	5

34. a)

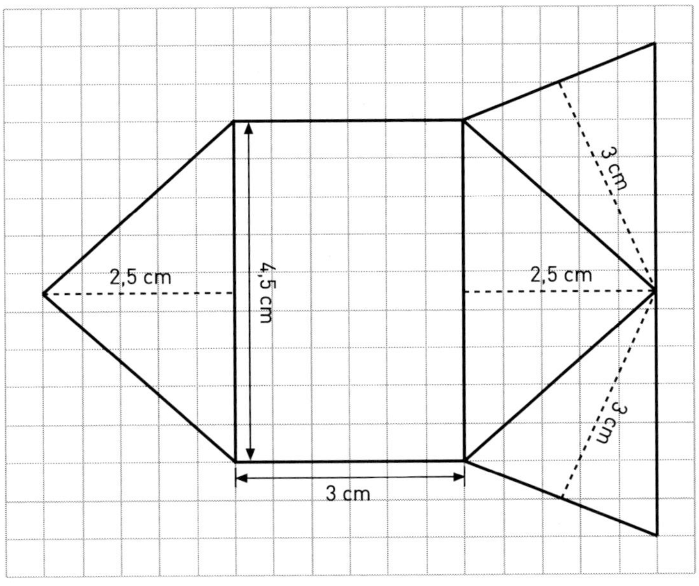

Bist du kompetent in Raum und Form Winkel und Abbildungen?

25

35. a) ABC: gleichschenkliges Dreieck DEF: gleichseitiges Dreieck RST: rechtwinkliges Dreieck

b) $\beta = 30°$; $\gamma = 30°$; $d = 120°$; $\delta = 60°$; $\delta = 32°$; $p = 90°$

c)

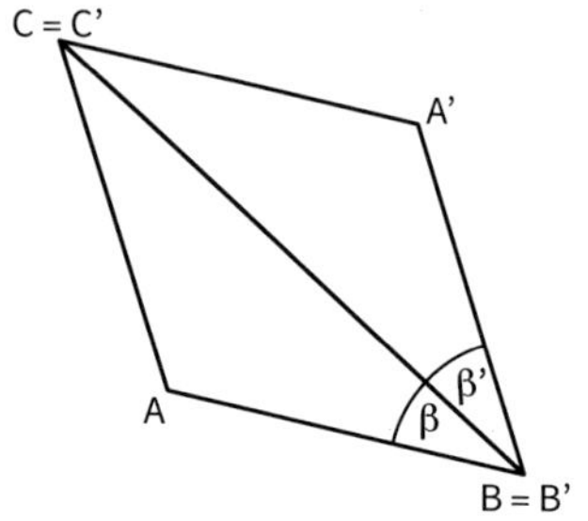

Drachenviereck

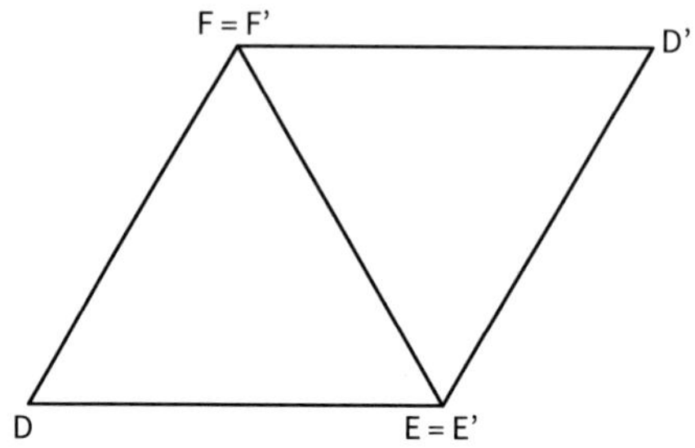

Raute

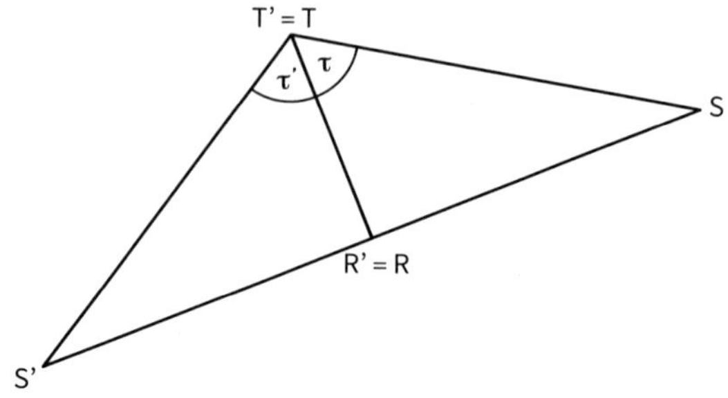

Rechteck

36. a) Trapez

b)

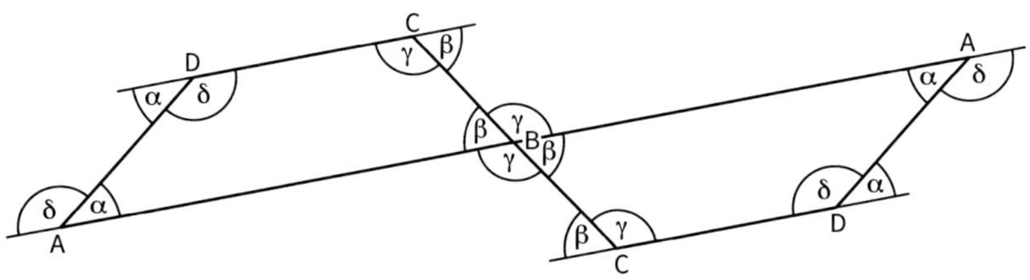

$\alpha = 38°$; $\beta = 57°$; $\gamma = 123°$; $\delta = 142°$

37. Die Skizzen der Netze sehen wie folgt aus:

(1)

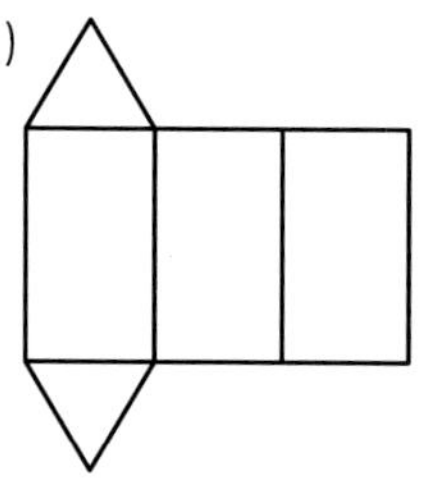

(2)

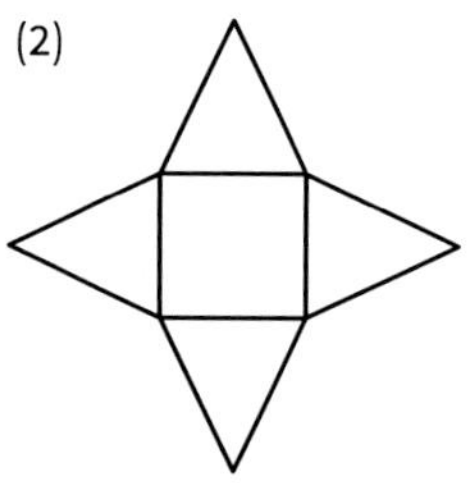

(3)

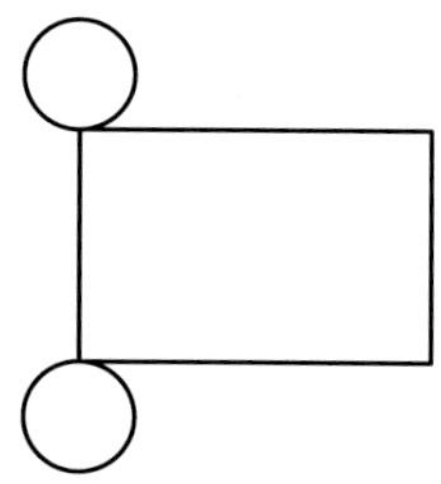

(4)

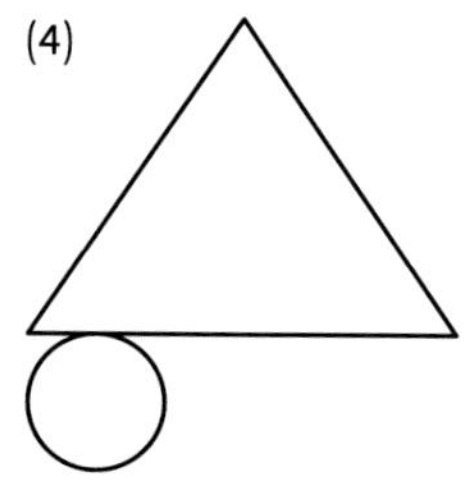

3.1 Multiplizieren von Brüchen

26 **1.** **a)** $\frac{2}{3}$ von $\frac{1}{5}=\frac{2}{15}$

$\frac{2}{3}\cdot\frac{1}{5}=\frac{2}{15}$

b) $\frac{4}{6}$ von $\frac{1}{8}=\frac{4}{48}=\frac{1}{12}$

$\frac{4}{6}\cdot\frac{1}{8}=\frac{4}{48}=\frac{1}{12}$

c) $\frac{2}{6}$ von $\frac{3}{4}=\frac{6}{24}=\frac{1}{4}$ oder $\frac{1}{3}$ von $\frac{3}{4}=\frac{3}{12}=\frac{1}{4}$

$\frac{2}{6}\cdot\frac{3}{4}=\frac{6}{24}=\frac{1}{4}$ oder $\frac{1}{3}\cdot\frac{3}{4}=\frac{3}{12}=\frac{1}{4}$

2. **a)** $\frac{1}{2}$ von $\frac{2}{3}=\frac{2}{6}=\frac{1}{3}$

$\frac{1}{2}\cdot\frac{2}{3}=\frac{2}{6}=\frac{1}{3}$

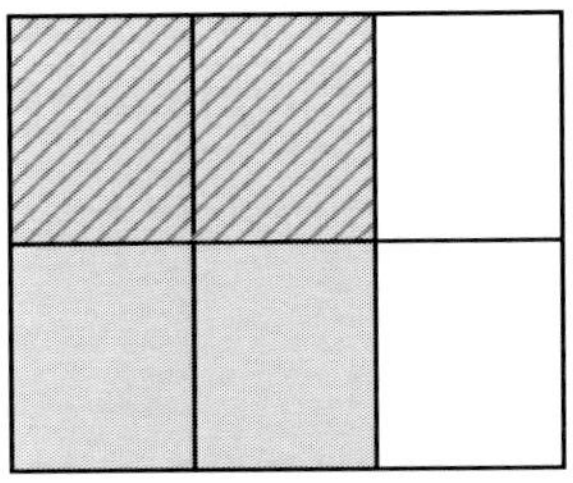

b) $\frac{2}{3}$ von $\frac{1}{2}=\frac{2}{6}=\frac{1}{3}$

$\frac{2}{3}\cdot\frac{1}{2}=\frac{2}{6}=\frac{1}{3}$

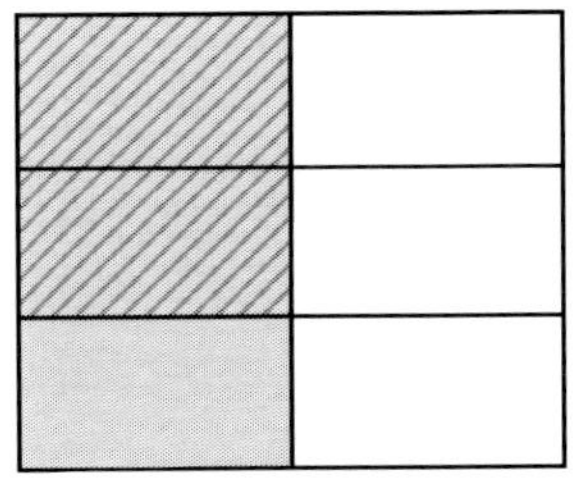

c) $\frac{3}{4}$ von $\frac{5}{6}=\frac{15}{24}=\frac{5}{8}$

$\frac{3}{4}\cdot\frac{5}{6}=\frac{15}{24}=\frac{5}{8}$

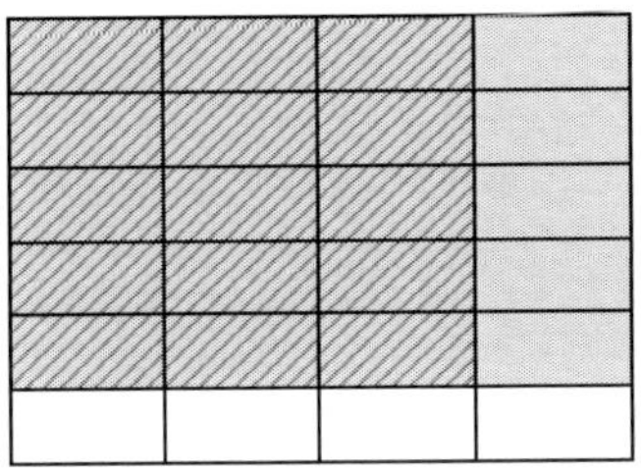

d) $\frac{5}{6}$ von $\frac{3}{4}=\frac{15}{24}=\frac{5}{8}$

$\frac{5}{6}\cdot\frac{3}{4}=\frac{15}{24}=\frac{5}{8}$

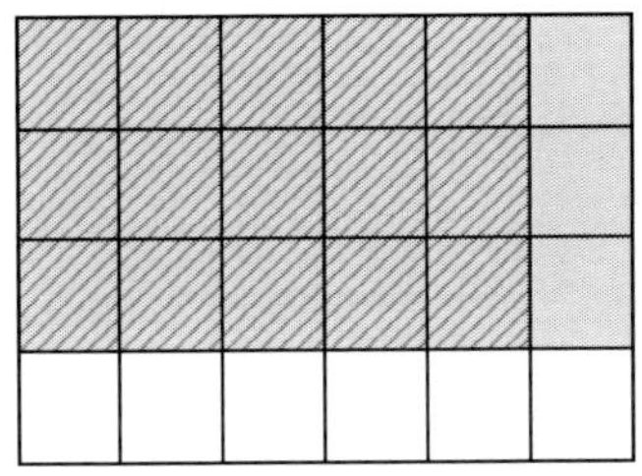

3. **a)** $\frac{1}{3}\cdot\frac{1}{4}\cdot\frac{1}{2}=\frac{1}{24}$

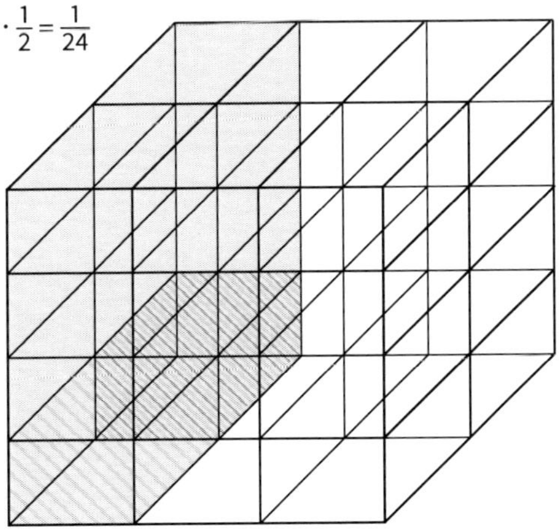

b) $\frac{2}{3}\cdot\frac{3}{4}\cdot\frac{1}{2}=\frac{6}{24}=\frac{1}{4}$

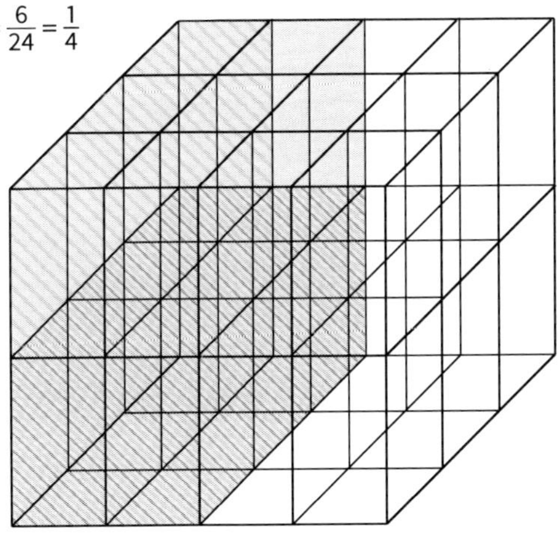

27 **4.**

Aufgabe	Ergebnis größer als 1. Faktor	Rechnung
$\frac{7}{8}\cdot\frac{24}{56}$	nein	$\frac{\cancel{7}^{1}}{_{1}\cancel{8}}\cdot\frac{\cancel{24}^{3}}{\cancel{56}_{8}}=\frac{3}{8}$
$\frac{17}{15}\cdot\frac{36}{51}$	nein	$\frac{\cancel{17}^{1}}{_{5}\cancel{15}}\cdot\frac{\cancel{36}^{\cancel{12}^{4}}}{\cancel{51}_{\cancel{3}_{1}}}=\frac{4}{5}$
$\frac{3}{39}\cdot\frac{26}{11}$	ja	$\frac{\cancel{3}^{1}}{_{1}\cancel{39}_{\cancel{3}}}\cdot\frac{\cancel{26}^{2}}{11}=\frac{2}{11}$
$2\frac{8}{18}\cdot1\frac{1}{4}$	ja	$2\frac{8}{18}\cdot1\frac{1}{4}=\frac{\cancel{44}^{11}}{18}\cdot\frac{5}{\cancel{4}_{1}}=\frac{55}{18}=3\frac{1}{18}$

27

5. a)

$\frac{3}{4}$

1 | $\frac{3}{4}$

$\frac{2}{3}$ | $\frac{3}{2}$ | $\frac{1}{2}$

$\frac{14}{9}$ | $\frac{3}{7}$ | $\frac{7}{2}$ | $\frac{1}{7}$

b)

$\frac{160}{2187}$

$\frac{40}{81}$ | $\frac{4}{27}$

$\frac{5}{9}$ | $\frac{8}{9}$ | $\frac{1}{6}$

$\frac{5}{6}$ | $\frac{2}{3}$ | $\frac{4}{3}$ | $\frac{1}{8}$

6. a) Multipliziere ich zwei Brüche, die jeweils kleiner sind als 2, so ist das Ergebnis kleiner als ...4....

b) Multipliziere ich zwei Brüche, die jeweils größer als 1 sind, so ist das Ergebnis ...größer... als 1.

c) Addiere ich zwei Brüche, die jeweils größer als 1 sind, so ist das Ergebnis ...größer... als 1.

d) Addiere ich zwei Brüche, die jeweils kleiner als 3 sind, so ist das Ergebnis ...kleiner... als 6.

e) Potenziere ich einen Bruch, der kleiner als 1 ist, so ist das Ergebnis ...kleiner... als 1.

7. a) $\left(\frac{2}{3}\right)^2 = \frac{4}{9}$ **c)** $\left(\frac{2}{5}\right)^3 = \frac{8}{125}$ **e)** $\left(1\frac{1}{2}\right)^2 = 2\frac{1}{4}$ **g)** $\left(\frac{4}{6}\right)^1 = \frac{2}{3}$

b) $\left(\frac{1}{4}\right)^3 = \frac{1}{64}$ **d)** $\left(\frac{3}{4}\right)^1 = \frac{3}{4}$ **f)** $0^5 = 0$ **h)** $\left(\frac{3}{2}\right)^3 = \frac{27}{8}$

28

3.2 Dividieren von Brüchen

8. a)

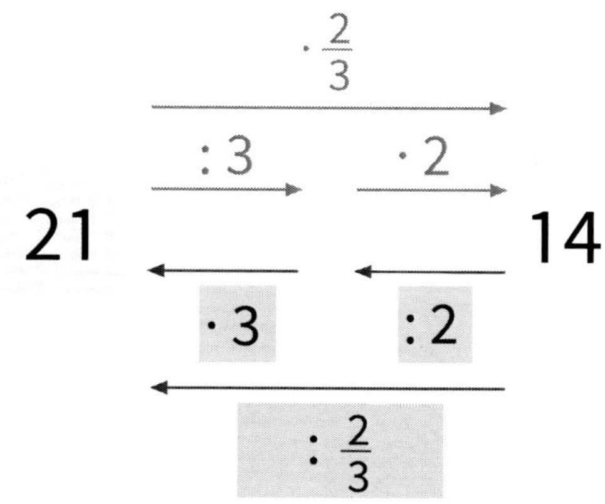

Aufgabe: $14 : \frac{2}{3} = 21$

b)

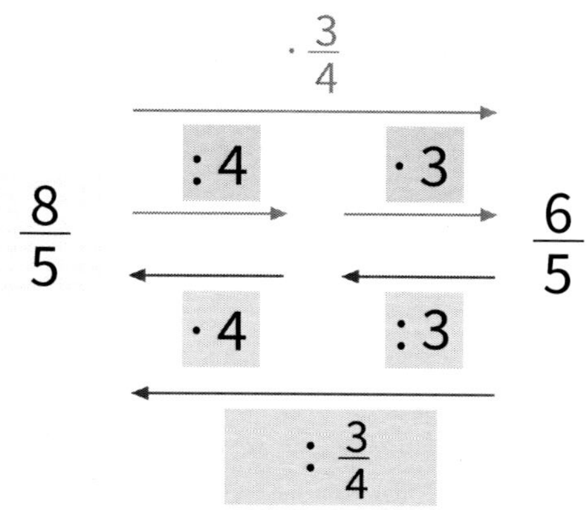

Aufgabe: $\frac{6}{5} : \frac{3}{4} = \frac{8}{5}$

9.

Zahl	$\frac{5}{4}$	$\frac{11}{12}$	$\frac{6}{1} = 6$	$\frac{7}{7} = 1$	$\frac{1}{3}$	$\frac{10}{9}$	$\frac{0}{8} = 0$
Kehrwert der Zahl	$\frac{4}{5}$	$\frac{12}{11}$	$\frac{1}{6}$	$\frac{7}{7} = 1$	$3 = \frac{3}{1}$	$\frac{9}{10}$	–

Der Kehrwert von $\frac{0}{8}$ ist nicht bildbar, da eine Division durch 0 mathematisch nicht definiert ist.

28 **10. a)**

:	$\frac{2}{3}$	$\frac{3}{4}$	$\frac{4}{8}$	1
$\frac{1}{2}$	$\frac{3}{4}$	$\frac{2}{3}$	1	$\frac{1}{2}$
$\frac{5}{3}$	2,5	$\frac{20}{9}$	$\frac{10}{3}$	$\frac{5}{3}$
$\frac{5}{6}$	$\frac{5}{4}$	$\frac{10}{9}$	$\frac{5}{3}$	$\frac{5}{6}$
$\frac{4}{3}$	$\frac{2}{1}$	$\frac{16}{9}$	$\frac{8}{3}$	$\frac{4}{3}$
$\frac{3}{5}$	$\frac{9}{10}$	$\frac{4}{5}$	$\frac{6}{5}$	$\frac{3}{5}$
$\frac{1}{6}$	$\frac{1}{4}$	$\frac{2}{9}$	$\frac{1}{3}$	$\frac{1}{6}$

b)

$\frac{1}{81}$

$\frac{4}{27}$ | $\frac{1}{12}$

$\frac{4}{9}$ | $\frac{1}{3}$ | $\frac{1}{4}$

$\frac{2}{3}$ | $\frac{2}{3}$ | $\frac{1}{2}$ | $\frac{1}{2}$

11.

Aufgabe	Der Quotient wird größer sein als der Dividend. Kreuze an.	Rechnung
$\frac{3}{11} : \frac{9}{22}$	☒ Richtig ☐ Falsch	$\frac{3}{11} \cdot \frac{22}{9} = \frac{6}{9} = \frac{2}{3}$
$\frac{9}{5} : \frac{27}{25}$	☐ Richtig ☒ Falsch	$\frac{9}{5} \cdot \frac{25}{27} = \frac{5}{3}$
$\frac{6}{7} : 1\frac{1}{2}$	☐ Richtig ☒ Falsch	$\frac{6}{7} : \frac{3}{2} = \frac{6}{7} \cdot \frac{2}{3} = \frac{4}{7}$

3.3 Rechnen mit Brüchen und Dezimalzahlen

29 **12.** $\frac{3}{4} + \frac{1}{3} = \frac{13}{12}$ $\frac{3}{4} \cdot \frac{1}{3} = \frac{1}{4}$ $\frac{3}{4} - \frac{1}{3} = \frac{5}{12}$ $\frac{3}{4} : \frac{1}{3} = \frac{9}{4} = 2{,}25$

$\frac{3}{4} + 0{,}2 = 0{,}95$ $\frac{3}{4} \cdot 0{,}2 = \frac{3}{20}$ $\frac{3}{4} - 0{,}2 = 0{,}55 = \frac{11}{20}$ $\frac{3}{4} : 0{,}2 = \frac{15}{4} = 3{,}75$

$0{,}5 + \frac{1}{3} = \frac{5}{6}$ $0{,}5 \cdot \frac{1}{3} = \frac{1}{6}$ $0{,}5 - \frac{1}{3} = \frac{1}{6}$ $0{,}5 : \frac{1}{3} = \frac{3}{2} = 1{,}5$

$0{,}5 + 0{,}2 = 0{,}7$ $0{,}5 \cdot 0{,}2 = 0{,}1$ $0{,}5 - 0{,}2 = 0{,}3$ $0{,}5 : 0{,}2 = \frac{5}{2} = 2{,}5$

13. Nein, das ist nicht möglich, denn für die einfache Menge benötigt Thies $\frac{1}{4}$ l + 0,12 l + 0,85 l + 0,7 l + $\frac{3}{8}$ l = 2,295 l, für die doppelte Menge des Rezepts braucht er also 4,49 l.

3.4 Berechnen von Zahltermen

30 **14.**

<table>
<tr><td>Term</td><td>$\frac{3}{4} \cdot \left(\frac{17}{10} + 0{,}8\right)$</td><td>$(0{,}64 + 1{,}46) \cdot \left(\frac{34}{30} - \frac{8}{15}\right)$</td></tr>
<tr><td>Text</td><td>Ich multipliziere die Summe aus $\frac{17}{10}$ und 0,8 mit $\frac{3}{4}$.</td><td>Ich multipliziere die Summe aus 0,64 und 1,46 mit der Differenz aus $\frac{34}{30}$ und $\frac{8}{15}$</td></tr>
<tr><td>Rechenbaum</td><td>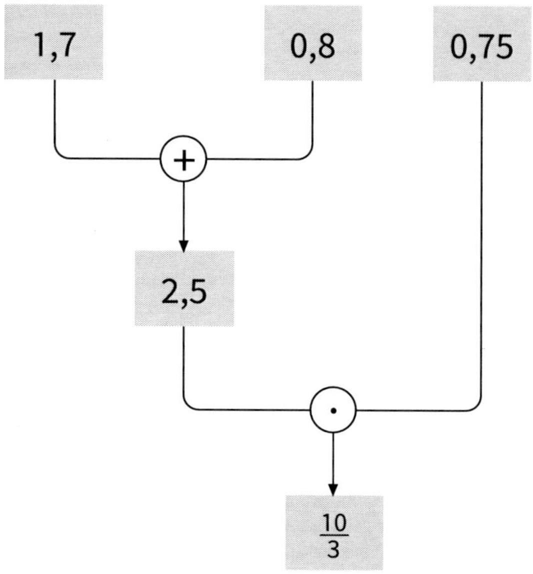
</td><td>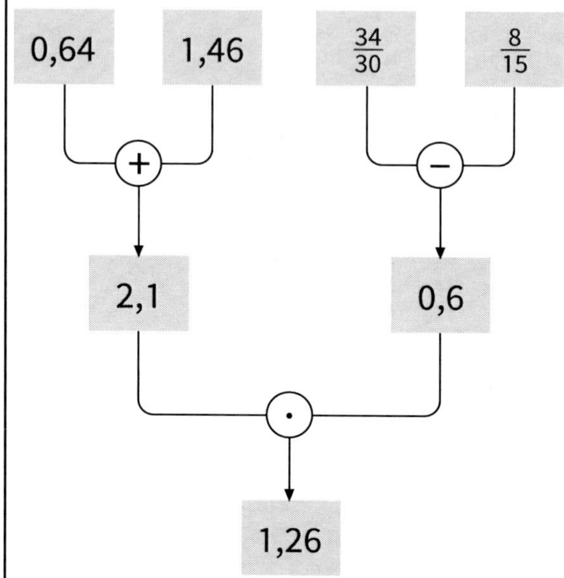
</td></tr>
<tr><td>Term</td><td>$(0{,}35 + 0{,}45) \cdot 3{,}25 : 1{,}3$</td><td>$\left(1{,}4 + \frac{14}{5}\right) \cdot 1{,}1$</td></tr>
<tr><td>Text</td><td>Ich multipliziere die Summe aus 0,35 und 0,45 mit 3,25 und dividiere das Ergebnis durch 1,3.</td><td>Ich multipliziere die Summe aus 1,4 und $\frac{14}{5}$ mit 1,1.</td></tr>
<tr><td>Rechenbaum</td><td>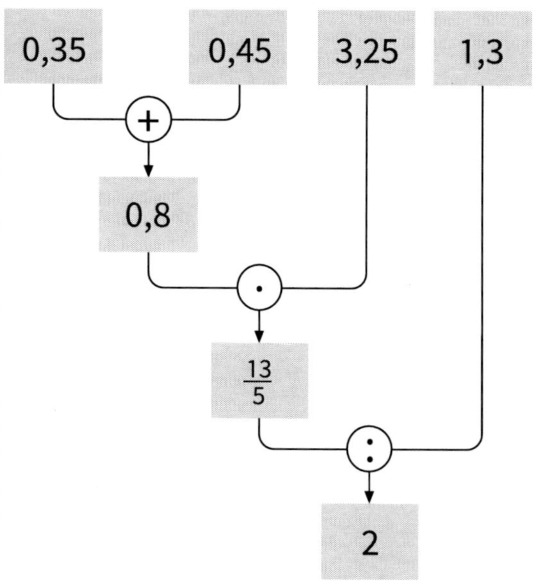
</td><td>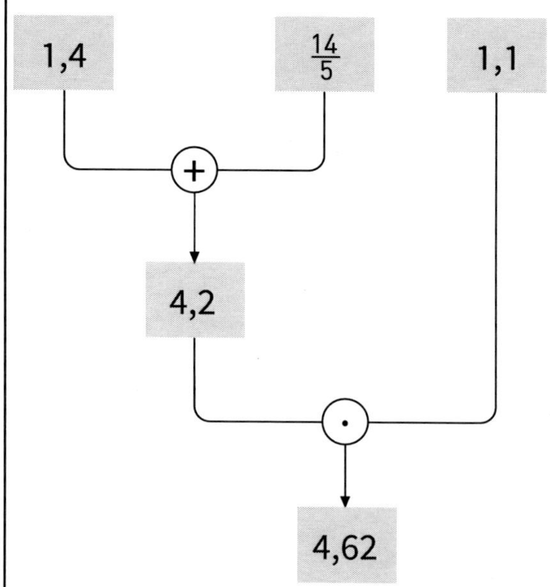
</td></tr>
</table>

3.5 Rechengesetze – Vorteilhaft mit Bruchzahlen rechnen

3.5.1 Kommutativgesetz und Assoziativgesetz der Multiplikation

31 **15.**

Aufgabe	Welcher Weg scheint dir am günstigsten zu sein?		Deine Rechnung
$\frac{3}{4}+\frac{7}{12}+\frac{1}{4}$		$\frac{3}{4}+\frac{7}{12}+\frac{1}{4}$	$\frac{3}{4}+\frac{1}{4}+\frac{7}{12}=1+\frac{7}{12}=1\frac{7}{12}$
		$\frac{3}{4}+\left(\frac{7}{12}+\frac{1}{4}\right)$	
	X		
$\frac{5}{11}\cdot\frac{28}{27}\cdot\frac{9}{7}$		$\frac{5}{11}\cdot\frac{28}{27}\cdot\frac{9}{7}$	$\frac{5}{11}\cdot\left(\frac{28}{27}\cdot\frac{9}{7}\right)=\frac{5}{11}\cdot\frac{4}{3}=\frac{20}{33}$
		$\frac{5}{11}\cdot\frac{9}{7}\cdot\frac{28}{27}$	
	X	$\frac{5}{11}\cdot\left(\frac{28}{27}\cdot\frac{9}{7}\right)$	
$\frac{3}{8}\cdot\frac{5}{13}\cdot\frac{4}{9}$		$\frac{3}{8}\cdot\frac{5}{13}\cdot\frac{4}{9}$	$\frac{3}{8}\cdot\frac{4}{9}\cdot\frac{5}{13}=\frac{1}{6}\cdot\frac{5}{13}=\frac{5}{78}$
	X	$\frac{3}{8}\cdot\frac{4}{9}\cdot\frac{5}{13}$	
		$\frac{3}{8}\cdot\left(\frac{4}{9}\cdot\frac{5}{13}\right)$	

3.5.2 Distributivgesetze

16. 1. Möglichkeit: 9 · (0,95 € + 0,25 €) = 9 · 1,20 € = 10,80 €

2. Möglichkeit: 9 · 0,95 € + 9 · 0,25 € = 8,55 € + 2,25 € = 10,80 €

Die 1. Möglichkeit ist günstiger.

3.6 Vergleich der Zahlbereiche der natürlichen Zahlen und der Bruchzahlen

17. Die Aussagen 1, 2, 3, 6 und 7 sind wahr.

Bist du kompetent im Argumentieren und Kommunizieren? Rechenwege analysieren

32 **18. a)** ist nicht zulässig,

Beispiel: $\frac{3}{5}\cdot\frac{4}{7}=\frac{12}{35}\neq 12=\frac{420}{35}$ „=" $\frac{21}{35}\cdot\frac{20}{35}=\frac{3}{5}\cdot\frac{4}{7}$

b) ist unzulässig:

Beispiel: $\frac{1}{3}+\frac{1}{2}=\frac{5}{6}\neq\frac{2}{5}=\frac{1+1}{3+2}$ „=" $\frac{1}{3}+\frac{1}{2}$

19. a) Es wurde vergessen, die imaginäre 1 des ersten Produkts mit in die Klammern zu nehmen.

b) $4\cdot\frac{1}{3}+\frac{4}{5}\cdot\frac{1}{3}=4\cdot\left(\frac{1}{3}+\frac{1}{15}\right)$

20. Notwendig ist diese Vereinbarung für Subtraktion und Division.

Beispiel: 3 : 9 ≠ 9 : 3

4.1 Muster bei Zahlen und Figuren

33

1. a)

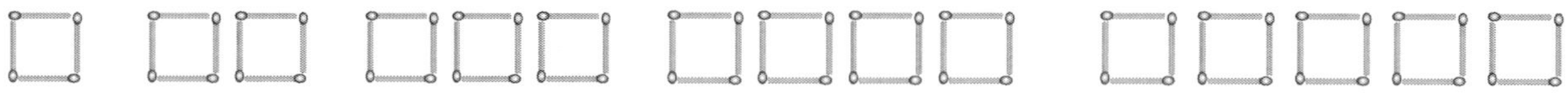

4 8 12 16 20

b)

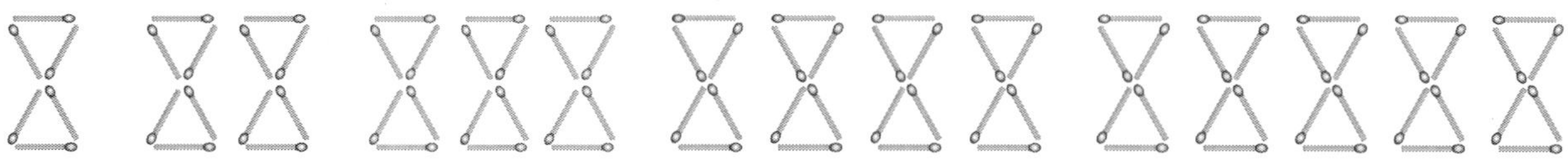

6 12 18 24 30

c)

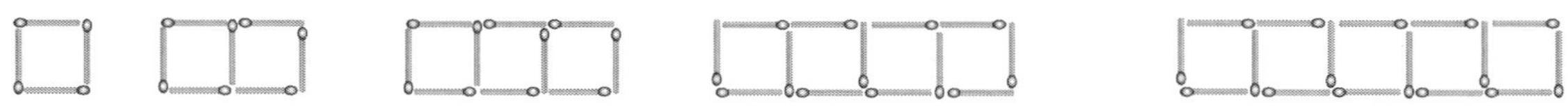

4 7 10 13 16

d)

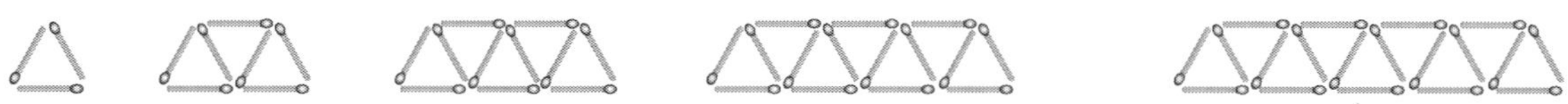

3 7 11 15 19

2. a) Addiere immer 14.

7 21 35 49 63 77 91 105 119

b) Subtrahiere immer 14.

112 98 84 70 56 42 28 14 0

c) Addiere immer 0,3.

0,1 0,4 0,7 1,0 1,3 1,6 1,9 2,2 2,5

3. a)

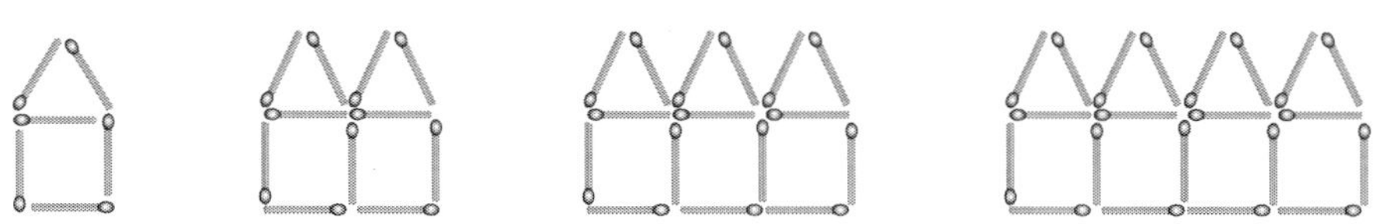

6 11 16 21

b) 36 Streichhölzer.

c) Um die 13. Figur.

4. Beispiel:

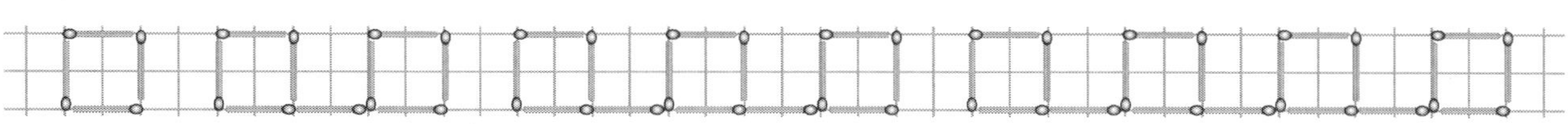

4.2 Zuordnungstabellen

34 **5.** –

6.

Anzahl der Faltungen	0	1	2	3	4	5	6	7	8	9
Anzahl der Papierlagen	1	2	4	8	16	32	64	128	256	512

4.3 Darstellen einer Zuordnung im Koordinatensystem

7. a)/b) –

c) Es sollte auffallen, dass der Graph der Höhe der Würfelzucker gleichmäßig steigt, während der Graph der Höhe des Bücherturms nicht gleichmäßig steigt. Dies ist bedingt dadurch, dass die Bücher nicht alle gleich dick sind.

35 **8. a)** Gefäß A: Graph (2); Gefäß B: Graph (1); Gefäß C: Graph (3)
Begründung: Gefäß C hat den größten Durchmesser, folglich wird der Wasserstand bei gleichmäßiger Befüllung aller drei Gefäße die geringste Höhe erreichen.

b)

Zeit t (in s)	2	4	6	8	10	12
Wasserstand Gefäß A (in cm)	2	4	6	8	10	12
Wasserstand Gefäß B (in cm)	3,5	7	10,5	14	17,5	21
Wasserstand Gefäß C (in cm)	1,3	2,6	3,9	5,2	6,5	7,8

c) Gefäß A: nach 15 s Gefäß B: nach ca. 8,6 s Gefäß C: nach ca. 23,1 s

9. 1 Die Lokomotive fährt.
2 Die Lok wird betankt.
3 Die Lok fährt, höherer Dieselverbrauch als bei 1.
4 Die Lok steht.
5 Die Lok fährt.

10. a) Diagramm 1: Michel zieht gleichmäßig in einem Zug bis Ida oben ist.
Diagramm 2: Michel zieht langsam, dann macht er eine Pause und hält Ida auf einer Höhe, anschließend zieht er sie schneller den Rest bis nach oben.
Diagramm 3: Michel zieht und erhöht sein Zugtempo dabei durchgängig.

b) Beispiel:

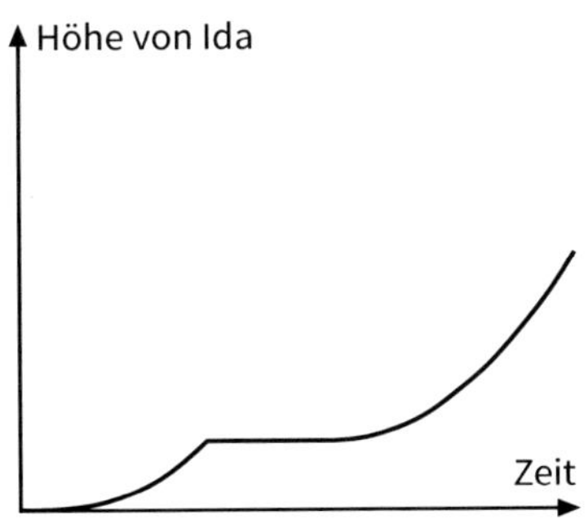

Zunächst zieht Michel immer schneller werdend bis er eine Pause einlegt und Ida auf der bis dahin erreichten Höhe hält. Danach zieht er Ida, immer schneller werdend, höher.

Bist du kompetent im Umgang mit funktionalen Zusammenhängen Text, Tabelle und Diagramm?

36 **11.**

Alter (in Jahren)	Größe (in cm)
0	50
$\frac{1}{4}$	60
$\frac{1}{2}$	67
$\frac{3}{4}$	72
1	75

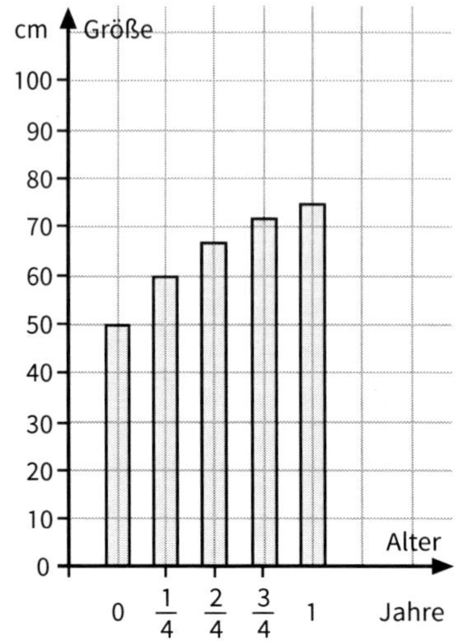

12. Die Zahl der Verletzten im alpinen Skisport geht seit 1979/80 immer weiter zurück. Die wenigsten Verletzten gab es in der Saison 2007/08.

13. a) 13 € für 6 km; 15 € für 7 km; 17 € für 8 km

b) pro Kilometer + 2 €: 20 km – 8 km = 12 km, also 17 € + 2 € · 12 = 41 €

c) Entfernung (in km) · 2 + 1 = Preis (in €)

4.4 Zueinander proportionale Größen – proportionale Zuordnungen

37 **14. a)**

Menge (in kg)	1	2	3	4	5	6
Preis (in €)	2,99	5,98	8,97	11,96	14,95	17,94

Beispiel Preis für Äpfel im Supermarkt

b)

Menge (in g)	100	200	250	400	500	800
Preis (in €)	0,90	1,80	2,25	3,60	4,50	7,20

Beispiel Preis für Salami beim Schlachter

15. a)

a	g (in cm^2)	O (in cm^2)
1	12	6
2	24	24
3	36	54
4	48	96

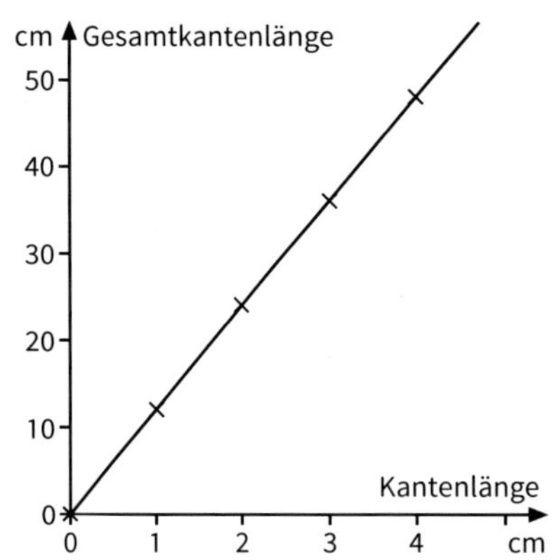

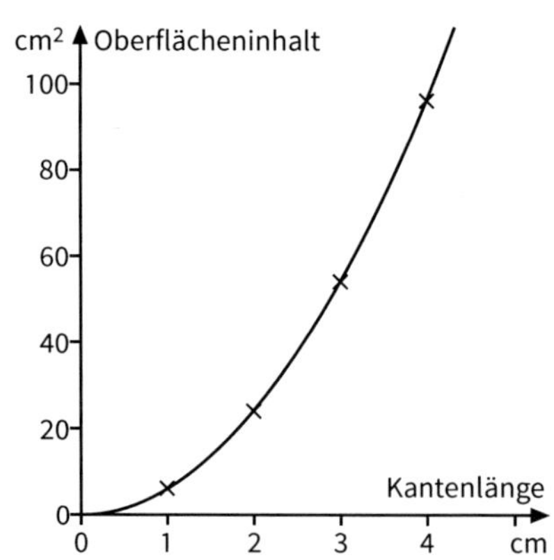

b) Aussage **(1)** ist wahr, denn u = 4a, für die doppelte Seitenlänge 2a gilt dann u = 4 · 2a = 8a, für die dreifache Seitenlänge 3a gilt dann u = 4 · 3a = 12a.

Aussage **(2)** ist falsch, denn $A = a^2$, für die doppelte Seitenlänge 2a gilt dann $A = (2a)^2 = 4a^2$, für die dreifache Seitenlänge 3a gilt dann $A = (3a)^2 = 9a^2$.h

37 **16.**

Weg (in m)	Zeit (in Minuten)
30	1
360	12
600	20
120	4
2400	80
480	16
510	17

Menge an Kirschen (in kg)	Preis (in €)
1	3
9	27
$\frac{3}{4}$	2,25
1,5	4,5
3	9
2	6
$\frac{1}{2}$	1,5

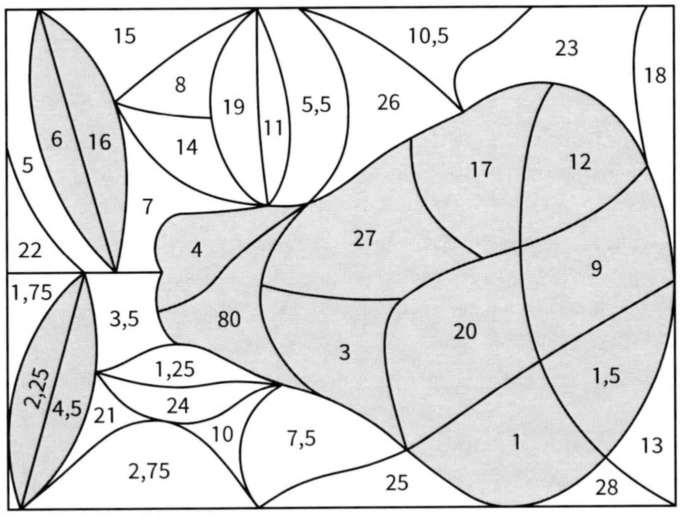

38 **17.**

	Proportionalität	keine Proportionalität
(1)	Für jede Übernachtung wird der selbe Preis erhoben.	Unterschiedliche Preise je nach Dauer, z. B. die erste Übernachtung 20 €, die folgenden 18 € pro Nacht.
(2)	Ein gleichmäßiges Wandertempo.	Unterschiedliche Laufgeschwindigkeiten.
(3)	Der Eintritt kostet je Stunde (z. B. 2 €/h).	Der Eintritt wird als Einzelbetrag entrichtet.

18.

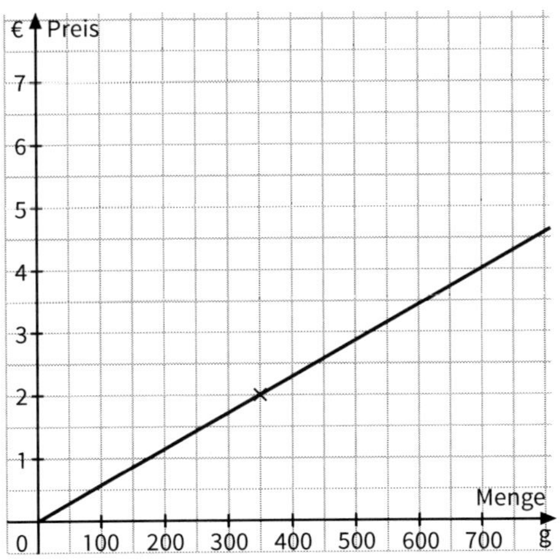

Aus dem Diagramm kann man die folgenden Werte ablesen:
150 g kosten 0,86 €; 200 g kosten 1,14 €; 400 g kosten 2,29 € kosten 500 g kosten 2,86 € und 700 g kosten 4,00 €

4.5 Dreisatz bei proportionalen Zuordnungen

19. a)

	Kartoffelmenge (in kg)	Preis (in €)	
	5	2,95	
: 5	1	0,95	: 5
· 3	3	1,77	· 3

b)

	Erdbeermenge (in g)	Preis (in €)	
	500	1,80	
: 5	100	0,36	: 5
· 7	700	2,52	· 7

39 **20. a)** zurückgelegte Fahrstrecke

Zeit (in min)	1	2	3	4	5	6	7	8
Entfernung (in km)	1,2	~~1,4~~ 2,4	3,6	4,8	~~5,0~~ 6,0	~~7,6~~ 7,2	~~7,2~~ 8,4	9,6

b) Stromverbrauch

Verbrauch (in kWh)	100	200	300	450	500	750
Preis (in €)	26,30	~~46,30~~ 52,60	~~76,90~~ 78,90	~~110,46~~ 118,55	131,50	~~151,50~~ 197,25

c) gleichmäßiger Niederschlag

Zeit (in min)	5	10	15	30	45	60	90	120
Regenmenge (in ℓ/m²)	~~6~~ 10	~~30~~ 20	~~120~~ 30	60	~~75~~ 90	120	~~150~~ 180	~~200~~ 240

d) Tanklaster

Zeit (in min)	10	50	70	75	90	120
Füllmenge (in ℓ)	~~980~~ 890	4450	6230	~~6235~~ 6675	8010	10680

21. a)

	zurückgelegte Strecke (in km)	Anzahl Umdrehungen	
	96 m	80	
: 96	1 m	$\frac{5}{6}$	: 96
· 5000	5000 m	$4166\frac{2}{3}$	· 5000

b)

	Anzahl Werbeblätter	Verdienst (in €)	
	370	29,60 €	
: 37	10	0,80 €	: 37
· 39	390	31,20 €	· 39

22. a/b)

Strecke	Länge auf der Karte (in cm)	Flugstrecke (in km)
Hannover – Frankfurt/Main	3,5	350
Frankfurt/Main – Rostock	4,8	480
Düsseldorf – Kiel	4,0	400
München – Berlin	4,9	490
Freiburg – Hamburg	6,1	610
Dresden – Bremen	3,9	390

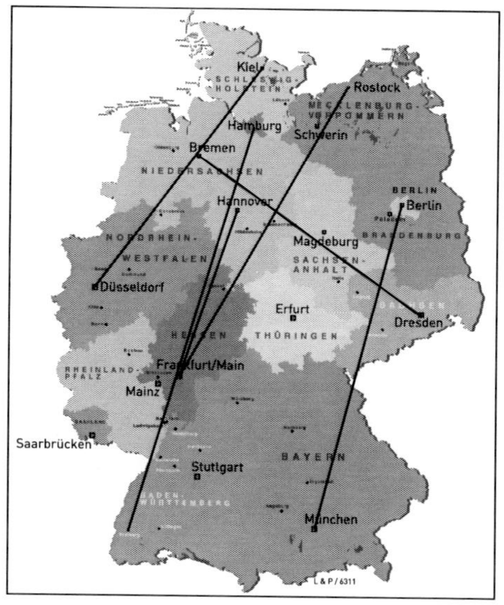

4.6 Zueinander antiproportionale Größen – antiproportionale Zuordnungen

40 **23.**

	Anzahl der Vögel	Zeit (in Tagen)	
	6	12	
· 2	12	6	: 2
: 3	4	18	· 3
· 2	8	9	: 2
: 4	2	36	· 4
· 5	10	7,2	: 5

40 **24. a)**

Anzahl der Helfer	Zeit zum Abernten einer Plantage (in Tagen)
20	5
10	10
5	20
15	$\frac{20}{3}$
25	4

antiproportionale Zuordnung

b)

Zeit (in Tagen)	Größe der noch zu pflasternden Fläche (in m^2)
0	2500
1	2000
2	1500
3	1000
4	500
5	0

keine antiproportionale Zuordnung

25. a)

Anzahl der Arbeitsstunden	10	20	30	50	60	75	100
Anzahl der Personen	30	15	10	6	5	4	3

b) 80 Schüler würden etwa $3\frac{3}{4}$ Stunden benötigen.

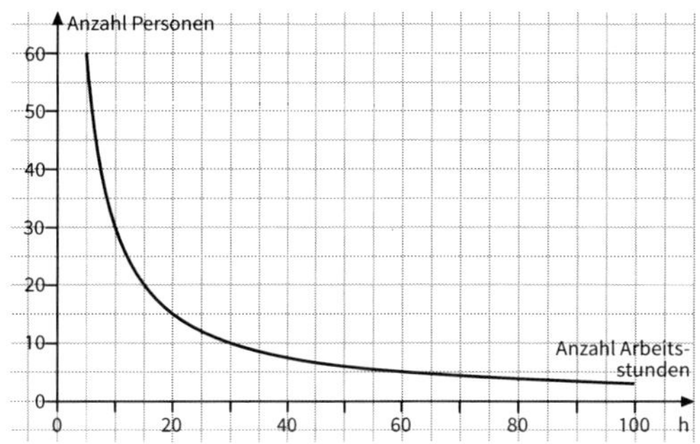

41 **26. proportional:**

- Je mehr Hunde, desto mehr Hundebeine.
- Je mehr Arbeitsstunden, desto höher ist der Arbeitslohn.
- Je größer der Gasverbrauch, desto größer ist der Rechnungsbetrag.

antiproportional:

- Je mehr Arbeiter, desto geringer ist die Dauer der Arbeit.
- Je größer die Anzahl der Pferde, desto eher ist der Hafervorrat aufgebraucht.
- Je mehr Lottospieler, desto geringer der Gewinn pro Person.

keins von beiden:

- Je mehr Musiker in der Schülerband spielen, desto länger dauert das Konzert.
- Je mehr Singvögel im Garten, desto mehr Sommer.
- Je älter eine Person, desto schwerer ist sie.
- Je länger man für eine Mathearbeit lernt, desto besser ist die Note.

4.7 Dreisatz bei antiproportionalen Zuordnungen

27. a)

	Schüler	Stunden	
	6	4	
· 2	12	2	: 2
: 1,5	8	3	· 1,5

(1) Doppelt so viele Schüler brauchen nur die Hälfte der Zeit, also 2 Stunden.

(2) 8 Schüler schaffen die Arbeit dann in 3 Stunden.

b)

	Kaninchen	Tage	
	4	12	
: 4	1	48	· 4
· 6	6	8	: 6

Er reicht 8 Tage.

41 **27. c)**

	Anzahl der Helfer	Arbeitsstunden	
	120	6	
: 10	12	60	· 10
· 12	144	5	: 12

(1) Sie benötigen 5 Stunden.

	Anzahl der Helfer	Arbeitsstunden	
	120	6	
· 3	360	2	: 3
: 2	180	4	· 2

(2) 180 Helfer würden 4 Stunden benötigen.

42 **28. a)** Drei Raumpfleger benötigen 4 Stunden für die Reinigung.

b) Damit die Reinigung in 3 Stunden beendet ist, müssen 4 Raumpfleger arbeiten.

Raumpfleger	Stunden
2	6
1	12
3	4
4	3

4.8 Vermischte Übungen

29. Bei den Sachverhalten (3), (4), (8) und (9) handelt es sich um proportionale Zuordnungen.

Die Sachverhalte (1) und (7) sind antiproportional.

Bei den Zurodnungen (2), (5), (6) und (10) handelt es sich weder um proportionale noch um antiproportionale Zuordnungen.

30. Mögliche Annahmen:

Die Schnecke muss immer gleich schnell kriechen.
Alle Arbeiter müssen gleich schnell arbeiten.
Es darf keine Rabatte für größere Gruppen geben.
Man muss annehmen, dass der Pkw auf der kurzen Strecke genauso schnell fährt.
Alle Katzen müssen gleichviel essen und alle Katzen müssen an allen Tagen gleichviel essen.

43 **31. a)**

Welcher Satz passt zum Graphen?	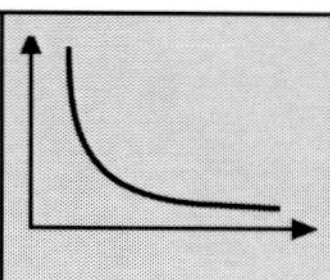		Je mehr Geld man beim Poker einsetzt, desto größer sind die Gewinnchancen.
			Je kleiner ein Grundstück, desto höher die Baukosten.
		x	Je mehr Mitspieler, desto kleiner die Gewinnsumme.

b)

Wenn 5 Musiker 10 Minuten brauchen, um zusammen ein Musikstück zu spielen, brauchen 10 nur 5 Minuten.		wahr
	x	falsch, sie brauchen genau so lange
		falsch, sie brauchen 20 Minuten

c)

Ein Rechteck ist 12 cm lang und 7 cm breit. Wie lang ist ein flächengleiches Rechteck, das 8 cm breit ist?		Das ist weder proportional noch antiproportional.
	x	10,5 cm
		12 cm

32. a) Für eine Breite von 10 cm benötigt man 16 Maschen.
Für eine Höhe von 10 cm benötigt man 20 Reihen.

b) Man benötigt $4{,}2 \cdot 16 = 67{,}2$, also 68 Maschen.

c) Es sind $5{,}2 \cdot 20 = 104$ Reihen zu stricken.

d) Sie ist um ein Viertel schneller, benötigt also 45 Tage.

5.1 Absolute und relative Häufigkeiten

44 **1. a)** 1. Fehler: Die Pfeilspitze an der Achse fehlt.
2. Fehler: Beschriftung der x-Achse fehlt.
3. Fehler: Die Säule für Auto ist zu breit.
4. Fehler: Die Säule für Zug ist zu niedrig.
5. Fehler: „zu Fuß“ fehlt an der rechten Säule.
6. Fehler: An der Hochachse steht 5 statt 6.

b)

	Absolute Häufigkeit	Relative Häufigkeit	Prozent (%)
Auto	1	$\frac{1}{25}$	4 %
Bus	12	$\frac{12}{25}$	48 %
Zug	4	$\frac{4}{25}$	16 %
zu Fuß	8	$\frac{8}{25}$	32 %
gesamt	25	$\frac{25}{25} = 1$	100 %

c)

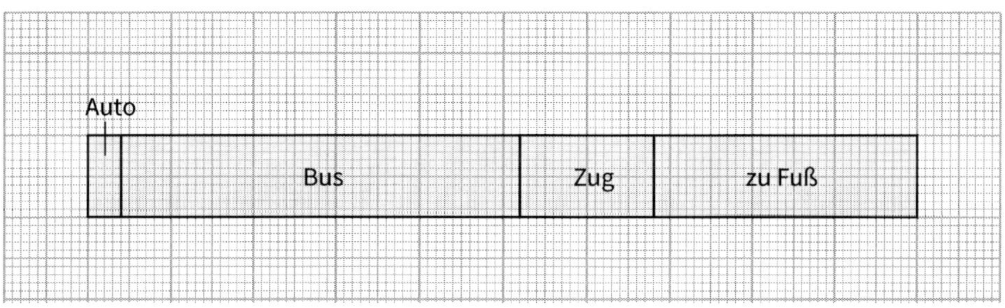

45 **2. a)**

Ergebnis	in Ordnung	nur Licht defekt	nur Bremsen defekt	beides defekt	Summe
absolute Häufigkeit	54	18	12	6	90
relative Häufigkeit	$\frac{54}{90} = \frac{3}{5}$	$\frac{18}{90} = \frac{1}{5}$	$\frac{12}{90} = \frac{2}{15}$	$\frac{6}{90} = \frac{1}{15}$	1
relative Häufigkeit in Prozent	60 %	20 %	$13\frac{1}{3}$ %	$6\frac{2}{3}$ %	100 %

b)

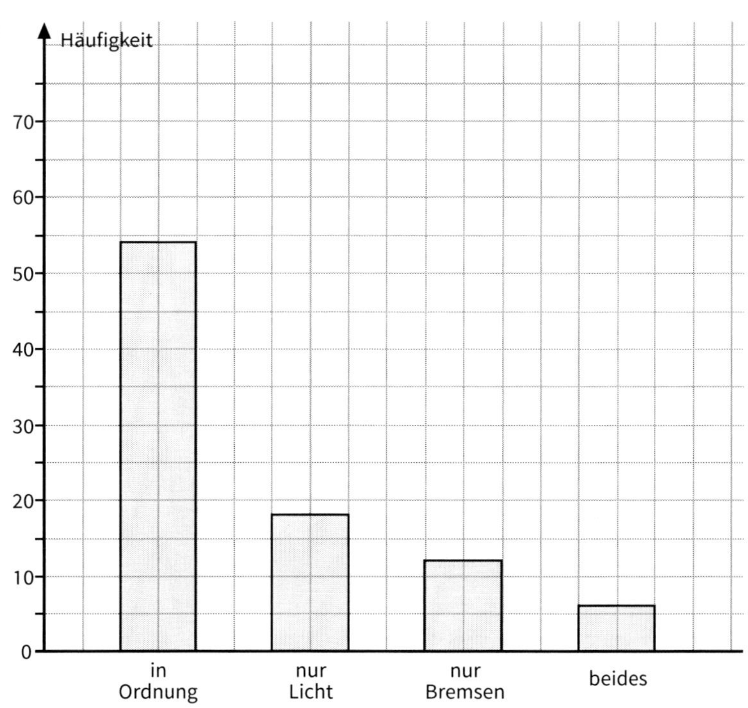

5.2 Darstellungen von Daten und ihre Wirkungen

46 **3. a)** Der Anstieg wird in der räumlichen Darstellung mit den Zelten stärker hervorgehoben.

b)

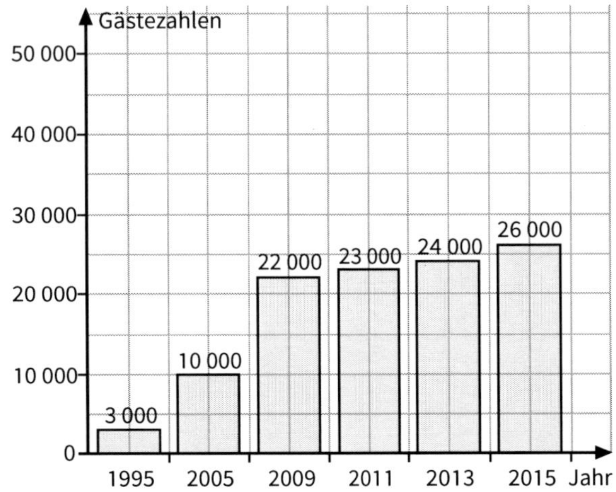

c) Im Säulendiagramm zum Artikel beginnt die Hochachse nicht bei 0.

d) Zum Beispiel: 1995: Zelt 2 2005: Zelt 3 2013: Zelt 5

5.3 Mittelwert

47 **4. a)** Mittelwert: 183,33 €

b)

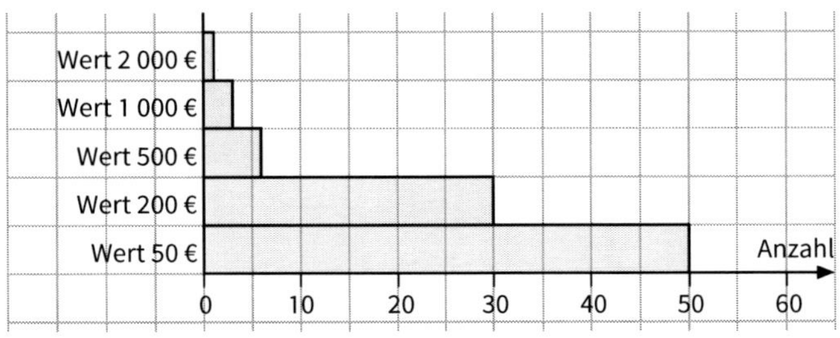

5. a) nach dem dritten oder viertel Mal

b) –

c) –

d) –

Bist du kompetent in Umgang mit Darstellungen und Werkzeugen Tabellenkalkulation ?

48 **6. a)** Wie viele Kinder der 6a für Essen 1 gestimmt haben.

b) Die relative Häufigkeit der einzelnen Vorschläge.

c) Jeweils 26.

d) 9

e) Essen 1: türkis; Essen 2: rot; Essen 3: grün; Essen 4: lila; keins: hellblau.

f) Für die 6a stimmt das, für die 6c nicht. Insgesamt ist Essen 3 am beliebtesten.

g) Das Diagramm liefert darüber keine Aussagen.

h) Weil die Auswertung für beide Klassen separat erfolgt ist. Es wäre besser, ein Kreisdiagramm für beide Klassen zu haben.

i) Das Kreisdiagramm drückt die Anteile deutlicher aus. Prinzipiell ist die Verwendung eines Streifendiagramms aber auch möglich.

6.1 Flächeninhalt eines Dreiecks

49 **1.**

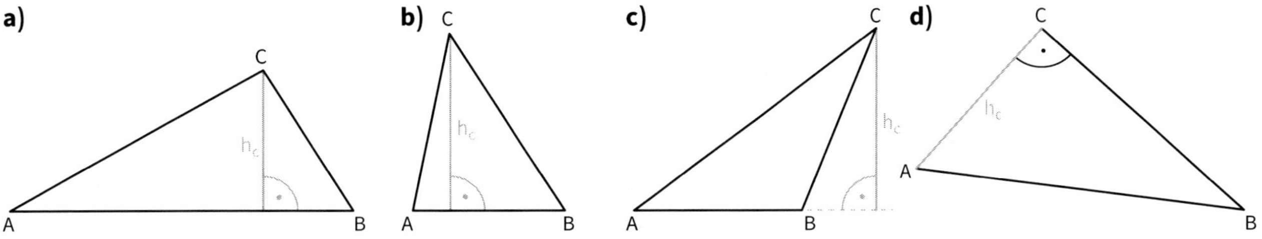

	a)	b)	c)	d)
Grundseite	$\lvert\overline{AB}\rvert = 4{,}5\,cm$	$\lvert\overline{AB}\rvert = 2\,cm$	$\lvert\overline{AB}\rvert = 2{,}2\,cm$	$\lvert\overline{AC}\rvert = 2{,}5\,cm$
Höhe	$h_c \approx 1{,}8\,cm$	$h_c \approx 2{,}3\,cm$	$h_c \approx 2{,}4\,cm$	$h_b = \lvert\overline{BC}\rvert = 3{,}6\,cm$
Flächeninhalt	$A \approx 4{,}05\,cm^2$	$A \approx 2{,}3\,cm^2$	$A \approx 2{,}64\,cm^2$	$A \approx 4{,}5\,cm^2$
Umfang	$U = 10{,}5\,cm$	$U = 7{,}2\,cm$	$U = 8{,}8\,cm$	$U = 10{,}5\,cm$

2. (1) und (9); (2), (7) und (10), (5) und (6) sowie (4) und (8) haben jeweils den gleichen Flächeninhalt

3. Beispiele:

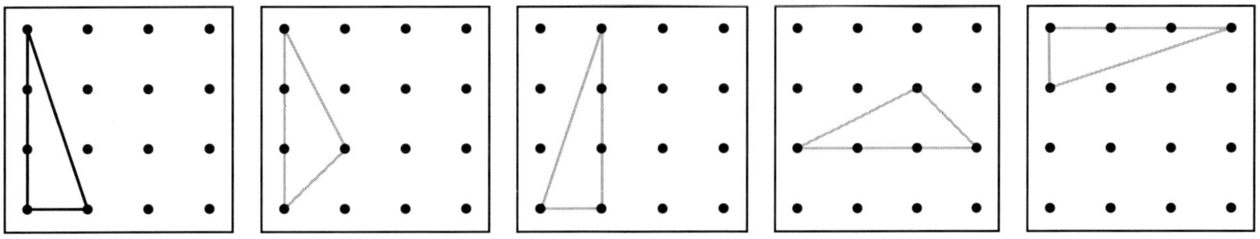

50 **4.** Flächeninhalt des gezeichneten Dreiecks: $A = \frac{1}{2} \cdot 3\,cm \cdot 2\,cm = 3\,cm^2$.
Hier Beispiele für Dreiecke mit dem Flächeninhalt $1{,}5\,cm^2$:
$g = 3\,cm$; $h = 1\,cm$ oder $g = 2\,cm$; $h = 1{,}5\,cm$

5.

	a)	b)	c)	d)	e)
Grundseite	10 cm	8 cm	2 dm	8 dm	50 dm
Höhe	4 cm	5 cm	5 dm	25 cm	4 dm
Flächeninhalt	$20\,cm^2$	$20\,cm^2$	$5\,dm^2$	$10\,dm^2$	$1\,m^2$

6. **a)** Das Bild ist eine Raute, die in weitere Dreiecke unterteilt ist. Jeweils zwei der Dreiecke der oberen und unteren Rautenhälfte sind gleich.

b) Von unten nach oben: $A_1 = A_2 = A_3 = A_4 = 4{,}5\,cm^2$
Man stellt fest, dass alle Dreiecke den gleichen Flächeninhalt haben.

6.2 Flächeninhalt eines Parallelogramms

51 **7.** Beziehungen der ausgeschnittenen Teile (hier verkleinert):

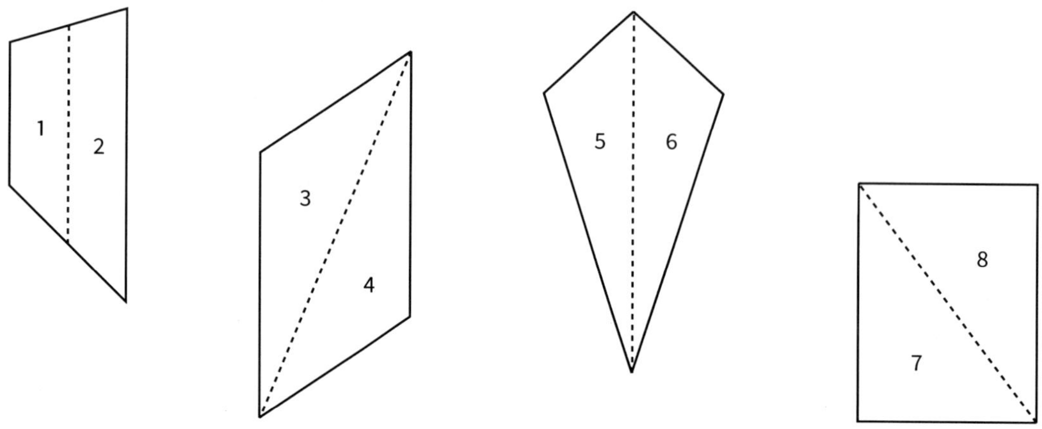

Zusammengesetzte Figuren (hier verkleinert). Einige Figuren muss man umklappen.

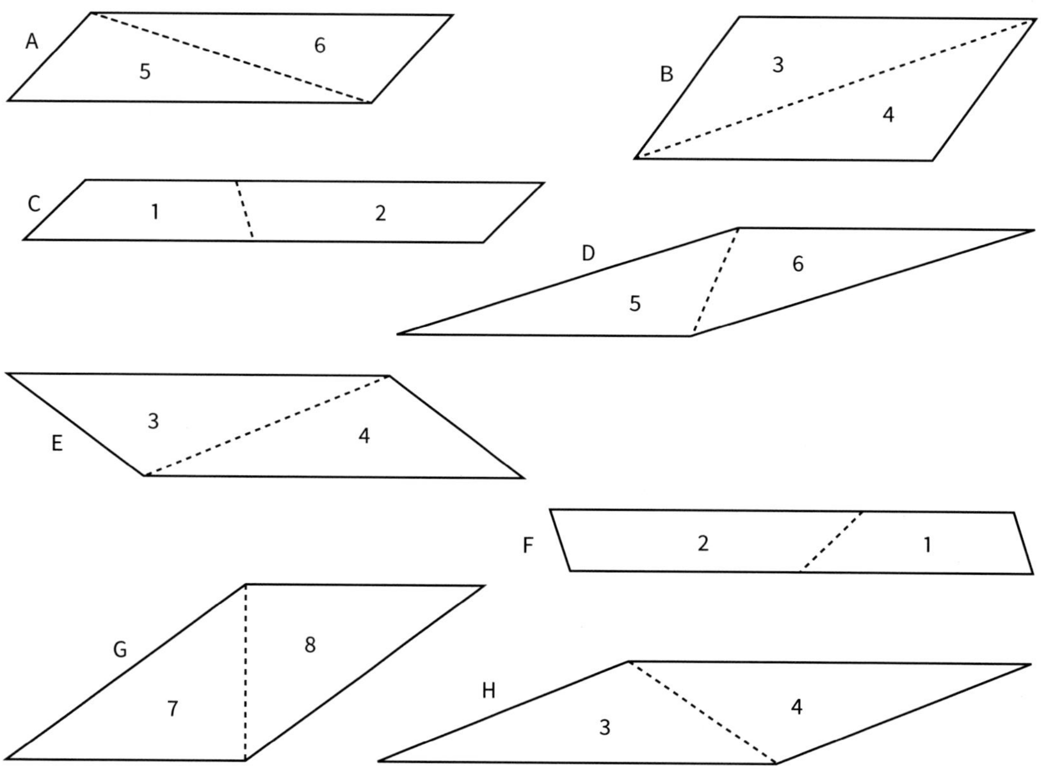

52 **8.**

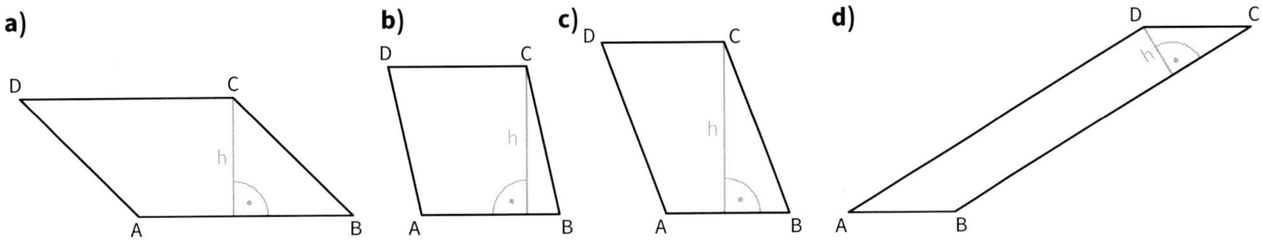

	a)	b)	c)	d)
Grundseite	$\lvert\overline{AB}\rvert = 2{,}8\,cm$	$\lvert\overline{AB}\rvert = 1{,}8\,cm$	$\lvert\overline{AB}\rvert = 1{,}6\,cm$	$\lvert\overline{BC}\rvert = 4{,}6\,cm$
Höhe	$h = 1{,}5\,cm$	$h = 1{,}9\,cm$	$h = 2{,}3\,cm$	$h = 0{,}8\,cm$
Flächeninhalt	$A = 4{,}2\,cm^2$	$A = 3{,}42\,cm^2$	$A = 3{,}68\,cm^2$	$A = 3{,}68\,cm$
Umfang	$U = 10{,}2\,cm$	$U = 7{,}6\,cm$	$U = 8\,cm$	$U = 12\,cm$

9. Flächeninhalte:

1. Figur oben: $A = 2\,cm \cdot 1{,}5\,cm = 3\,cm^2$
2. Figur oben: $A = 1{,}5\,cm \cdot 2\,cm = 3\,cm^2$
2. Figur unten: $A = 2\,cm \cdot 1{,}5\,cm = 3\,cm^2$
5. Figur oben: $A = 1\,cm \cdot 3\,cm = 3\,cm^2$
1. Figur unten: $A = 2{,}5\,cm \cdot 1\,cm = 2{,}5\,cm^2$
3. Figur oben: $A = 1\,cm \cdot 2{,}5\,cm = 2{,}5\,cm^2$
4. Figur oben: $A = 3\,cm \cdot 1\,cm = 3\,cm^2$
6. Figur oben: $A = 2{,}5\,cm \cdot 1\,cm = 2{,}5\,cm^2$

10. –

53 **11.**

	a)	b)	c)	d)
Seite a	3 cm	6 cm	5 cm	2 m
Seite b	5 cm	0,16 m	5 cm	$\frac{1}{2}$ m
Höhe h_a	4 cm	1 dm	5 cm	$\frac{1}{4}$ m
Umfang	16 cm	44 cm	20 cm	5 m
Flächeninhalt	$12\,cm^2$	$60\,cm^2$	$25\,cm^2$	$\frac{1}{2}\,m^2$

6.3 Flächeninhalt eines Trapezes

12.

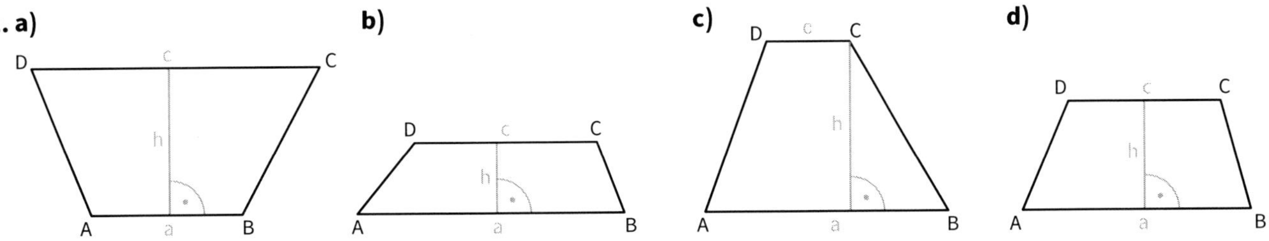

	a)	b)	c)	d)
Höhe h	2 cm	0,9 cm	2,3 cm	1,4 cm
Seitenlänge a	2 cm	3,5 cm	3,2 cm	3 cm
Seitenlänge c	3,8 cm	2,4 cm	1,1 cm	2 cm
Flächeninhalt	5,8 cm	$2{,}655\,cm^2$	$4{,}945\,cm^2$	3,4 cm
Umfang	10,1 cm	8,1 cm	10,5 cm	8 cm

53 **13.** 1. Figur: $a = 1\,cm; c = 3\,cm$ 2. Figur: $a = 1{,}5\,cm; c = 2{,}5\,cm$
3. Figur: $a = 2\,cm; c = 2\,cm$
Flächeninhalt der Trapeze: $A = \frac{4\,cm}{2} \cdot 1{,}5\,cm = 3\,cm^2$

54 **14.** 1. Reihe: $A_P = 6\,cm \cdot 2\,cm = 12\,cm^2$; $A_D = \frac{1}{2} \cdot 10\,cm \cdot 4\,cm = 20\,cm^2$;
$A_T = \frac{13\,cm + 7\,cm}{2} \cdot 2\,cm = 20\,cm^2$

2. Reihe: $A_D = 12 \cdot 8\,cm \cdot 3\,cm = 12\,cm^2$; $A_P = 3\,cm \cdot 4\,cm = 12\,cm^2$;
$A_P = 2{,}5\,cm \cdot 8\,cm = 20\,cm^2$

3. Reihe: $A_T = \frac{2\,cm + 8\,cm}{2} \cdot 4\,cm = 20\,cm^2$; $A_D = \frac{1}{2} \cdot 5\,cm \cdot 8\,cm = 20\,cm^2$;
$A_T = \frac{5\,cm + 7\,cm}{2} \cdot 2\,cm = 12\,cm^2$

6.4 Flächeninhalt eines Vielecks

15.

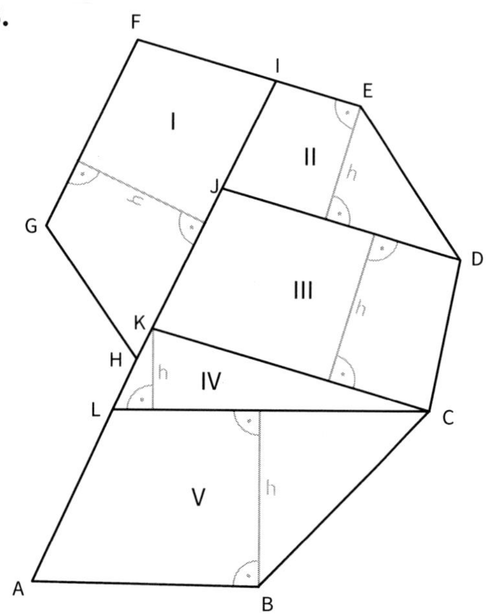

I: $|HI| = 4\,cm$, $|FG| = 2{,}7\,cm$, $h = 1{,}8\,cm$, $A_I = 6{,}03\,cm^2$

II: $|DJ| = 3{,}3\,cm$, $|EI| = 1{,}3\,cm$, $h = 1{,}5\,cm$, $A_{II} = 3{,}45\,cm^2$

III: $|CK| = 3{,}8\,cm$, $h = 2\,cm$, $A_{III} = 7{,}1\,cm^2$

IV: $h = 1{,}1\,cm$, $A_{IV} = 2{,}09\,cm^2$

V: $|CL| = 4{,}1\,cm$, $|AB| = 3\,cm$, $h = 2{,}4\,cm$, $A_V = 8{,}52\,cm^2$

$A_{gesamt} = A_I + A_{II} + A_{III} + A_{IV} + A_V = 27{,}19\,cm^2$

6.5 Umfang eines Kreises

55 **16.**

Umfang	A	B	C	D
geschätzt	u ≈ 21 cm	u ≈ 30 cm	u ≈ 18 cm	u ≈ 12 cm
gemessen	u = 22 cm	u = 31 cm	u = 19 cm	u = 13 cm
berechnet	r = 3,5 cm	r = 5 cm	r = 3 cm	r = 2 cm
	u ≈ 21,99 cm	u ≈ 31,42 cm	u ≈ 18,85 cm	u ≈ 12,57 cm

56 **17. a)** Man dreht das Vorderrad so, dass sich z. B. das Ventil ganz unten befindet. Nun legt man ein Maßband beim Ventil beginnend an und fährt mit dem Rad so weit, bis das Ventil wieder an der gleichen Stelle wie vorher ist. Diese Strecke wird dann mit dem Maßband abgemessen.

6 **17. b)**

Fahrradtyp	Durchmesser			Radumfang (in Meter)
	der Felge		des Rades bei einer Reifendicke von ca. 4 cm (in Meter)	
	(in Zoll)	(in Meter)		
Kinderrad	20	0,508	0,548	ca. 1,7
Jugendrad	24	0,6096	0,6496	ca. 2
Mountainbike	ca. 26	0,66	0,7	ca. 2,2
Tourenrad	ca. 29,5	0,75	0,79	ca. 2,5

c) X Der angezeigte Wert ist zu groß.

☐ Der angezeigte Wert ändert sich kaum, weil der Einfluss zu gering ist.

☐ Das Profil spielt keine Rolle.

☐ Der angezeigte Wert ist zu klein.

d) $u_1 = 0{,}74\,m \cdot \pi \approx 2{,}3\,m$ $u_2 = 0{,}69\,m \cdot \pi \approx 2{,}2\,m$

6.6 Flächeninhalt eines Kreises

57 **18.**

Flächeninhalt	A	B	C	D
geschätzt	27 cm²	7 cm²	3 cm²	12 cm²
berechnet	r = 3 cm A ≈ 28,27 cm²	r = 1,5 cm A ≈ 7,07 cm²	r = 1 cm A ≈ 3,14 cm²	r = 2 cm A ≈ 12,57 cm²

19.

		w	f
a)	Halbiert man den Durchmesser eines Kreises, so halbiert sich auch sein Radius.	X	
b)	Vergrößert man den Radius eines Kreises, so vergrößert sich auch der Flächeninhalt.	X	
c)	Verdoppelt man den Radius eines Kreises, so verdoppelt sich der Flächeninhalt.		X
d)	Vergrößert man den Umfang eines Kreises, so vergrößert sich auch der Flächeninhalt.	X	
e)	Verdoppelt man den Umfang eines Kreises, so verdoppelt sich der Flächeninhalt.		X

20. *Schlammkreis an der Wand:*

Ein ausgewachsener Mann ist im Schnitt 1,8 m groß. Der Mann direkt vor dem Schlammkreis an der Wand passt etwa 5,5-mal in den Durchmesser des Kreises. Damit hat der Kreis einen Durchmesser von $5{,}5 \cdot 1{,}8\,m \approx 10\,m$ und einen Radius von $r = 5\,m$. Der Flächeninhalt beträgt dann $A = \pi \cdot (5\,m)^2 \approx 79\,m^2$, also schätzungsweise $80\,m^2$.

Steinkreis am Boden:

Eine ausgewachsene Frau ist im Schnitt 1,65 m groß. Der Durchmesser des Steinkreises am Boden (wegen der perspektivischen Verzerrung horizontal gesehen), ist etwa 8-mal so groß wie die Frau, die vor dem Kreis steht. Somit beträgt der Durchmesser des Kreises $8 \cdot 1{,}65\,m \approx 13\,m$; der Radius $r = 6{,}5\,m$. Der Flächeninhalt beträgt dann $A = \pi \cdot (6{,}5\,m)^2 \approx 132\,m^2$, also schätzungsweise $130\,m^2$.

Bist du kompetent im Umgang mit Messen und Größen in Größen von Vielecken und Kreisen ?

58 **21.a)** *Großes Dreieck:*

Jede Seite des großen Dreiecks hat eine Länge von 10,25 cm. Seine Höhe beträgt 9 cm. Sein Flächeninhalt ist also $A_D = \frac{1}{2} \cdot 10{,}25\,\text{cm} \cdot 9\,\text{cm} \approx 46\,\text{cm}^2$.

Kreis:

Der Kreis hat einen Radius von 3 cm. Sein Flächeninhalt ist also $A_K = \pi \cdot (3\,\text{m})^2 \approx 28\,\text{cm}^2$.

Kleines Dreieck:

Jede Seite des kleinen Dreiecks hat eine Länge von 5 cm. Seine Höhe beträgt 4,5 cm. Sein Flächeninhalt ist also $A_D = \frac{1}{2} \cdot 5\,\text{cm} \cdot 4{,}5\,\text{cm} \approx 11\,\text{cm}^2$.

b) *Großes Quadrat:*

Jede Seite des großen Quadrats ist 6 cm lang. Sein Flächeninhalt beträgt also $A_Q = (6\,\text{cm})^2 = 36\,\text{cm}^2$

Kreis:

Der Durchmesser des Kreises beträgt 6 cm, der Radius dann 3 cm. Der Flächeninhalt des Kreises ist dann $A_K = \pi \cdot (3\,\text{m})^2 \approx 28\,\text{cm}^2$

Kleines Quadrat:

Die Seiten des kleinen Quadrats innerhalb des Kreises sind 4 cm lang. Sein Flächeninhalt beträgt dann also $A_Q = (4\,\text{cm})^2 = 16\,\text{cm}^2$

c) Betrachtet man die Flächeninhalte der Figuren aus den Aufgabenteilen a,b und c, so stellt man fest, dass der Unterschied der äußeren Figuren (großes Dreieck, großes Quadrat, großes Sechseck) zum Kreis in diesen Flächen und zu den inneren Figuren (kleines Dreieck, kleines Quadrat, kleines Sechseck) mit zunehmender Eckenzahl (drei, vier, sechs) immer geringer wird. Die eckigen Flächen nähern sich also sowohl von oben als auch von unten immer weiter dem Flächeninhalt des Kreises an.

7.1 Rationale Zahlen – Anordnung und Betrag

9 **1. a)** 16 °C **b)** –5 °C **c)** –4 °C **d)** –8 °C **e)** 3,5 °C **f)** –0,5 °C

2. a)

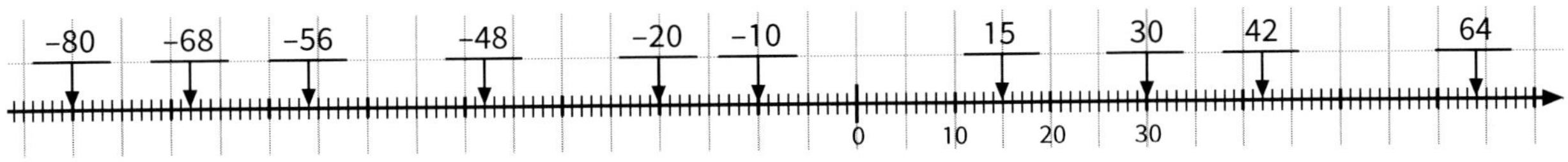

b)

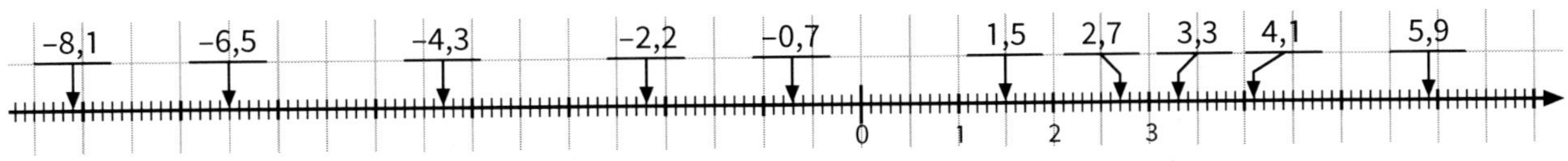

3. a)

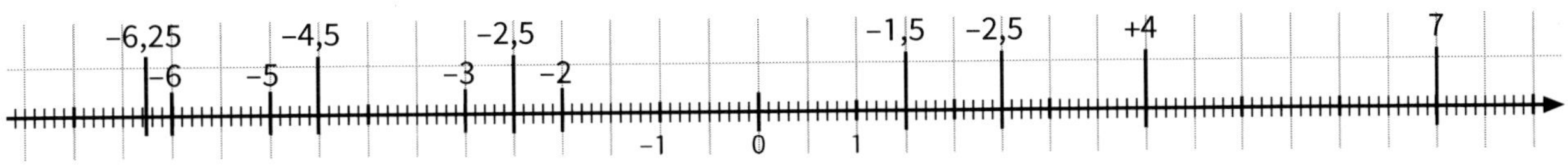

b)

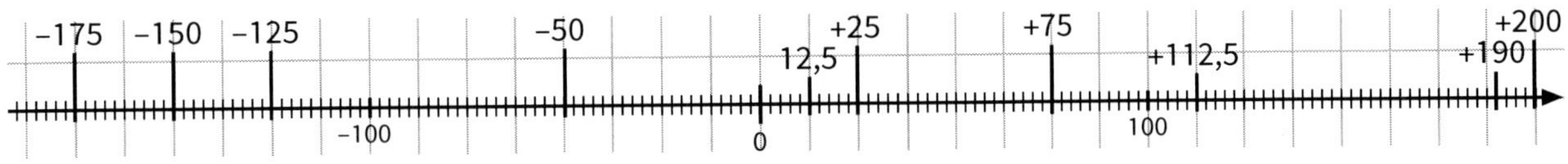

c)

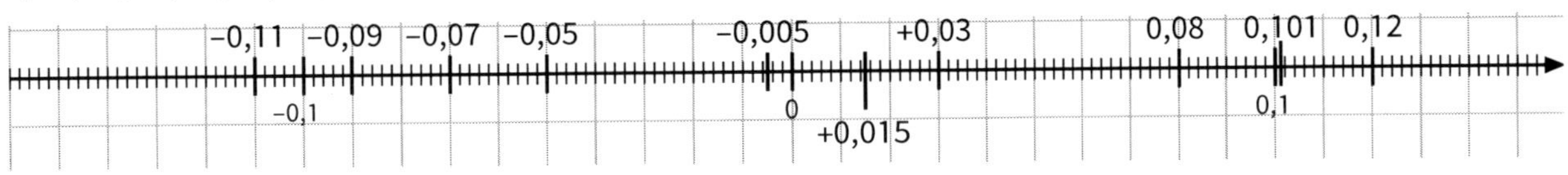

d)

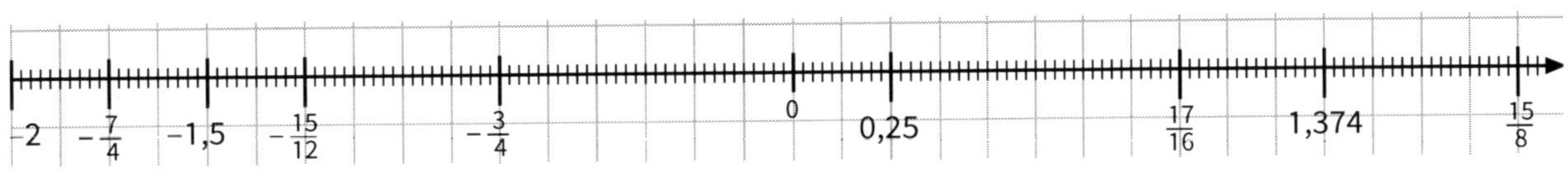

0 **4. a)**

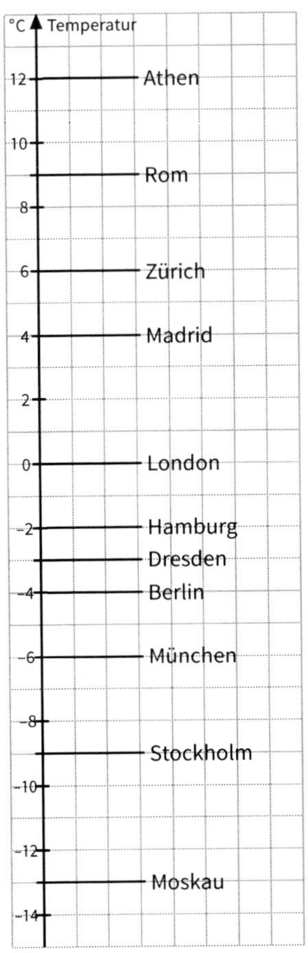

b) **(1)** Athen; **(2)** Helsinki; **(3)** 29 Grad

c) In Berlin ist die Lufttemperatur um 13 Grad niedriger als in Rom und um 2 Grad höher als in München.
Zwischen München und Stockholm ist der Temperaturunterschied genau so groß wie zwischen München und Essen und zwischen Zürich und Rom.
Zwischen München und Hamburg beträgt die Temperaturdifferenz 4 Grad. Sie ist genau so groß wie zwischen den Städten Moskau und Helsinki sowie den Städten London und Madrid sowie den Städten Berlin und London sowie den Städten Stockholm und Moskau.

60 **5.**

Zahl a	−2,5	0	−4; 4	$\frac{5}{3}$	14,25	keine Lösung	$2\frac{7}{8}$	−0,03	−1,3; 1,3	−52
Gegenzahl von a	2,5	0	4; −4	$-\frac{5}{3}$	−14,25	keine Lösung	$-2\frac{7}{8}$	0,03	1,3; −1,3	52
Betrag von a	2,5	0	4	$\frac{5}{3}$	14,25	−0,8 falsch	$2\frac{7}{8}$	0,03	1,3	52

6.

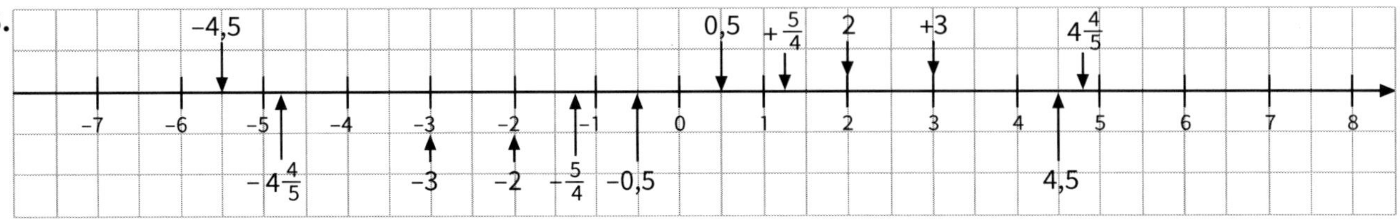

7.2 Vergleichen und Ordnen

61 **7.**

−5 $<$ −3 −8 $>$ −18 9 $<$ 11 |1 − 3,4| = 3,4 −0,2 $<$ $\frac{3}{5}$

−16 $<$ −15 $|2\frac{5}{6}|$ $>$ −2,56 −9 $>$ −11 0,06 $>$ −0,6 −6,8 $<$ 7

b) z. B. −7 < −6,5 < −6 −4 < −3 < −1 0 < 1 < +3 −1 < 0 < +1

8. Metsohe Dragot, Safi, Kalya, Ein Gedi, Neveh Zohar, Ka‘abne, Arad

9. **a)** MONTAG **b)** WINTER **c)** AUGUST

10. **a)** Der Abstand von −5 und +1 beträgt 6. In der Mitte liegt die Zahl −2.
b) Der Abstand von −4 und +3 beträgt 7. In der Mitte liegt die Zahl −0,5.
c) Der Abstand von −6 und −4 beträgt 2. In der Mitte liegt die Zahl −5.
d) Der Abstand von −5,5 und −2,5 beträgt 3. In der Mitte liegt die Zahl −3.
e) Der Abstand von −25 und 11,2 beträgt 36,2. In der Mitte liegt die zahl −6,9.

7.3 Koordinatensystem

62 **11. a)/b)**

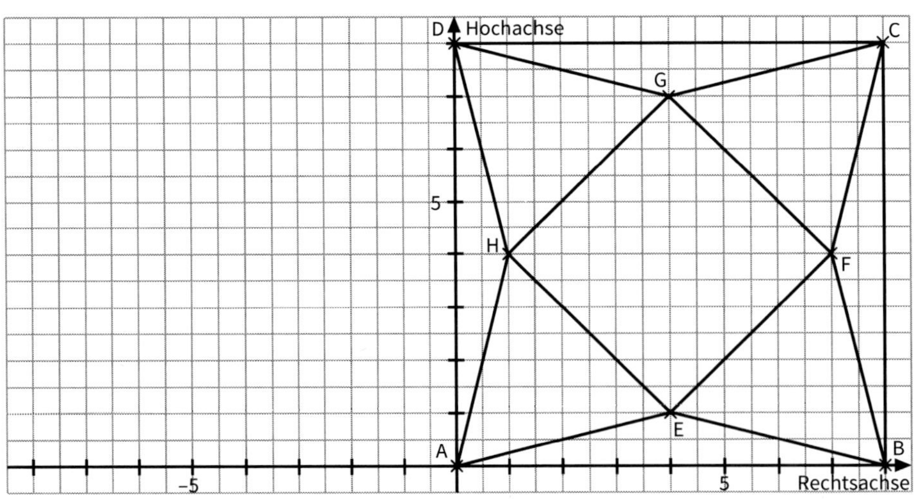

2

c)

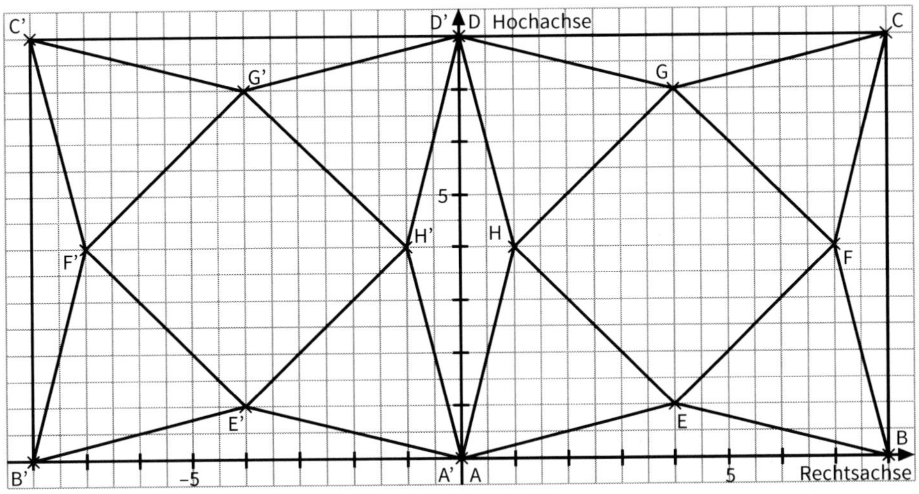

A'(0|0)
B'(−8|0)
C'(−8|8)
D'(0|8)
E'(−4|1)
F'(−7|4)
G'(−4|7)
H'(−1|8)

d)

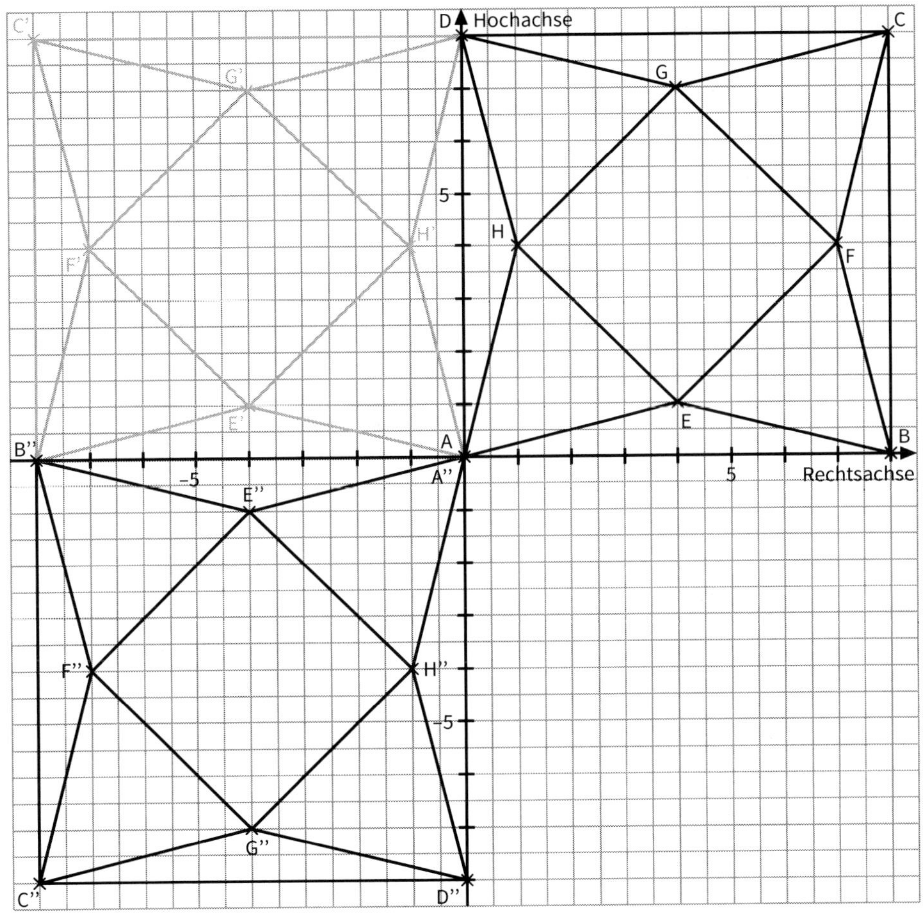

A''(0|0), B''(−8|0), C''(−8|−8), D''(0|−8), E''(−4|−1), F''(−7|−4), G''(−4|−7), H''(−1|−8)

62 **e)**

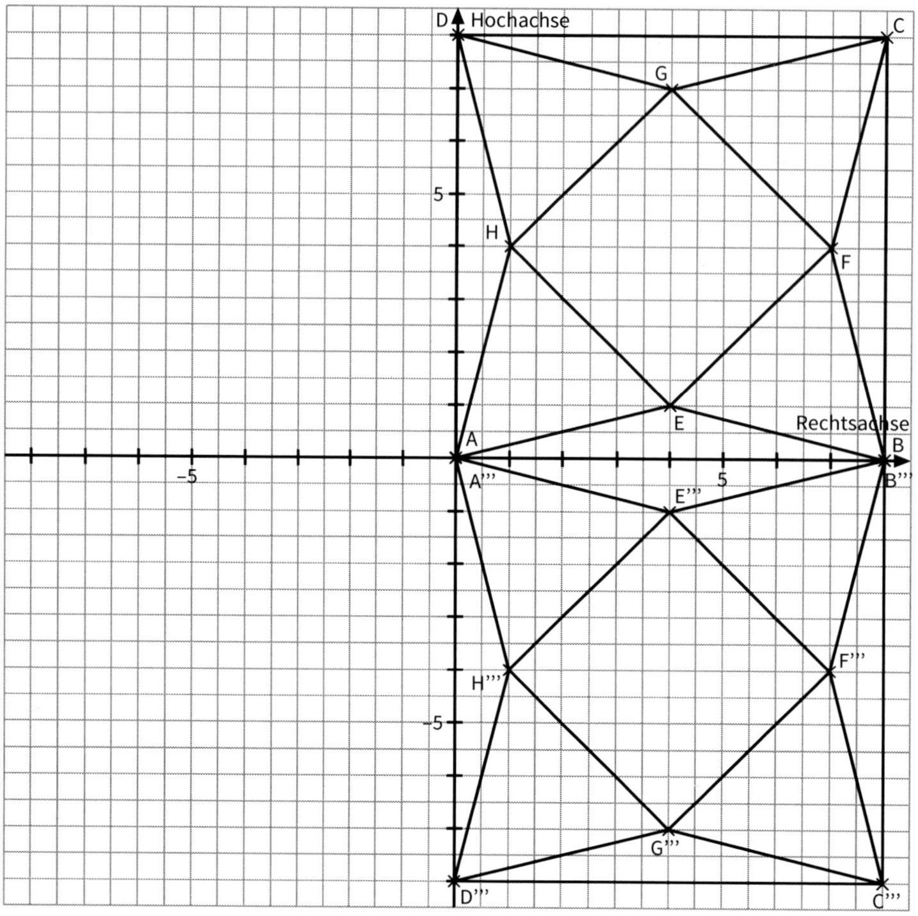

A'''(0|0), B'''(8|0), C'''(8|–8), D'''(0|–8), E'''(4|–1), F'''(7|–4), G'''(4|–7), H'''(1|–4)

f) –

7.4 Beschreiben von Zustandsänderungen

3 **12. a)**

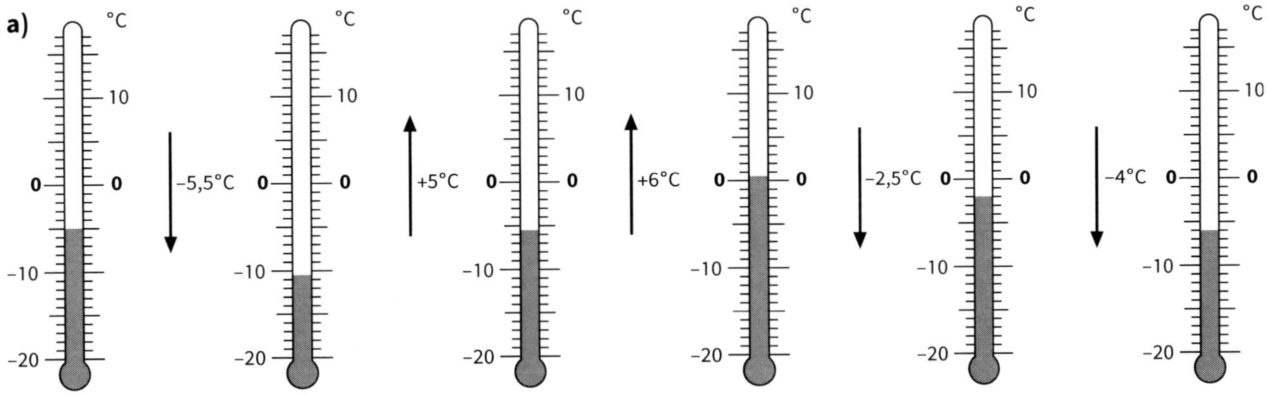

b)

Datum	7.12.	8.12.	9.12.	10.12.	11.12.	12.12.
Mitternachtstemperatur	−1 °C	−2 °C	+1,5 °C	+2 °C	−1 °C	−1,5 °C

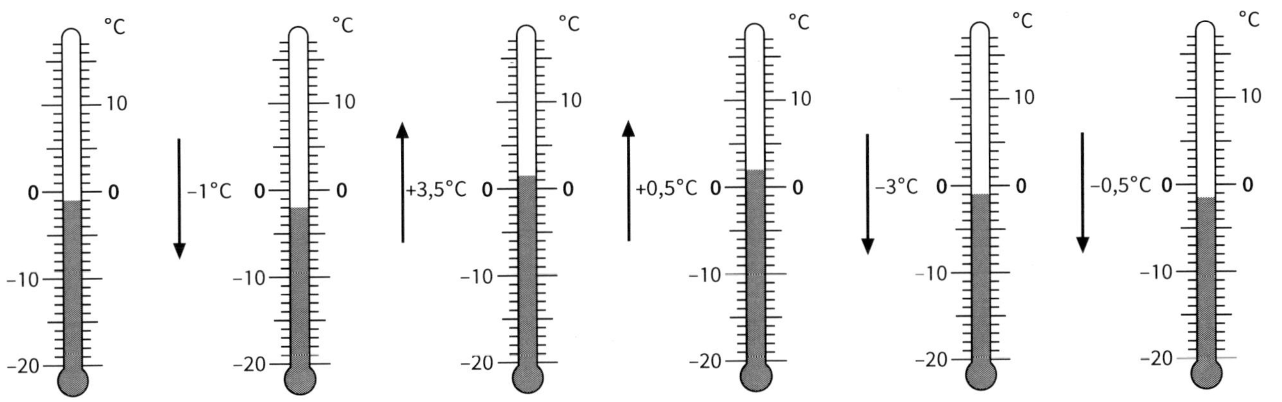

13. a) $-21 \xrightarrow{+35} 14$

b) $-3\frac{1}{2} \xrightarrow{+1\frac{1}{4}} -2\frac{1}{4}$

c) $3{,}5 \xrightarrow{+13} 16{,}5$

d) $-8 \xrightarrow{-7} -15$

e) $17 \xrightarrow{-21{,}6} -4{,}6$

f) $8 \xrightarrow{-17} -9$

g) $4 \xrightarrow{-7} -3$

h) $-107 \xrightarrow{-16} -123$

i) $-4{,}25 \xrightarrow{+6{,}25} +2$

7.5 Addieren rationaler Zahlen

7.5.1 Einführung der Addition – Additionsregel

64 **14. a)** +3 + (−5) = (−2)

b) (−40) + (+80) = (+40)

c) (−4) + (−2) = (−6)

d) 1,75 + (−2,4) = 0,65

e) $1\frac{1}{2}$ + $(-1\frac{1}{4})$ = $\frac{1}{4}$

f) −2,3 + 2,4 = 0,1

64 **15. a)** (+8) + (−5) = (+3)

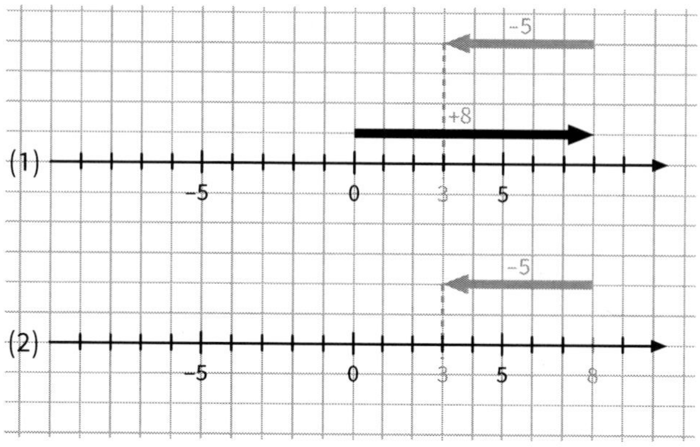

c) (−3,5) + (+7,5) = (+4)

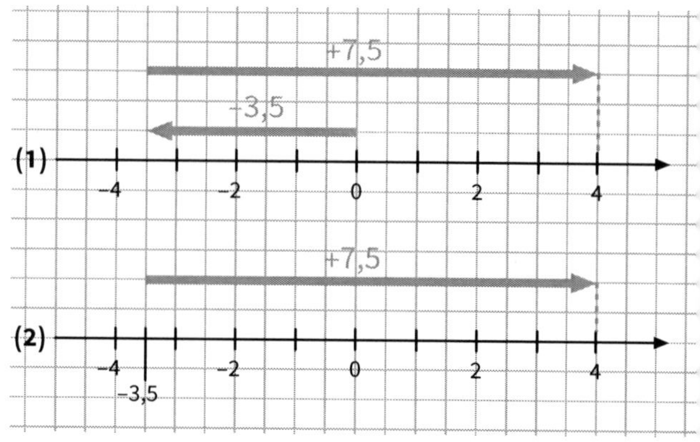

b) (+5) + (−4) = (+1)

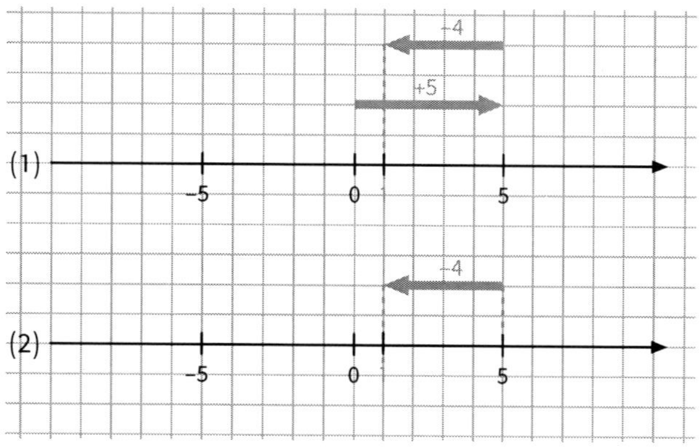

d) (−4,5) + (−3,5) = (−8)

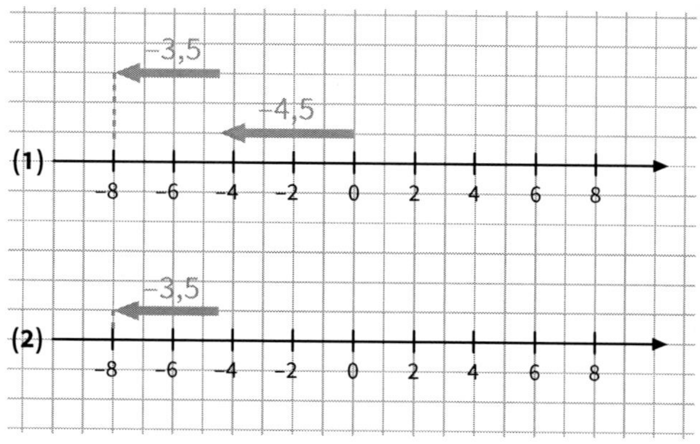

65 **16. a)**

+	2	−3	−12	−1
5	7	2	−7	4
−3	−1	−6	−15	−4
1	3	−2	−11	0
7	9	4	−5	6

b)

+	+13	−32	93	−72
−27	−14	−59	66	−99
17	30	−15	110	−55
5	18	−27	98	−67
−98	−85	−130	−5	−170

17. Es ergibt sich das folgende Muster:

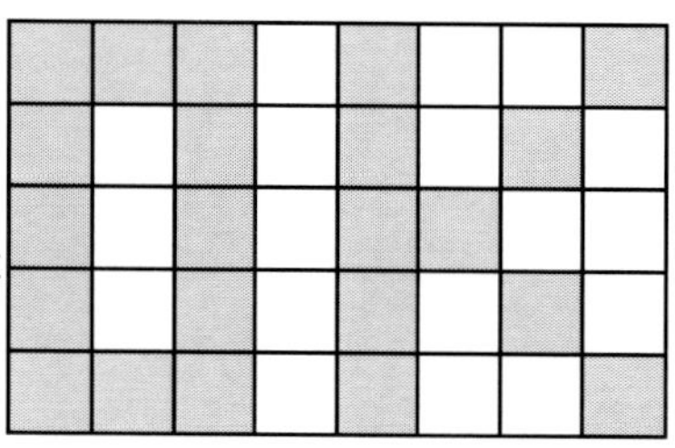

Das Lösungswort lautet OK.

7.5.2 Rechengesetze für die Addition rationaler Zahlen

5 **18.**

	Welcher Weg scheint dir am günstigsten zu sein?		Deine Rechnung
a)	$5{,}25 + (-14{,}7) + 4{,}7$		
	$5{,}25 + ((-14{,}7) + 4{,}7)$	X	$5{,}25 + ((-14{,}7) + 4{,}7) = 5{,}25 + (-10) = (-4{,}75)$
	$5{,}25 + 4{,}7 + (-14{,}7)$		
b)	$-2{,}9 + 4{,}78 + (-1{,}1)$		
	$-2{,}9 + (4{,}78 + (-1{,}1))$		
	$-2{,}9 + (-1{,}1) + 4{,}78$	X	$-2{,}9 + (-1{,}1) + 4{,}78 = -4 + 4{,}78 = 0{,}78$
c)	$5{,}7 + 4{,}3 + (-6{,}9)$	X	$5{,}7 + 4{,}3 + (-6{,}9) = 3{,}1$
	$5{,}7 + (4{,}3 + (-6{,}9))$		
	$5{,}7 + (-6{,}9) + 4{,}3$		
d)	$\frac{2}{3} + \left(-\frac{4}{8} + \frac{1}{3}\right)$		
	$\frac{2}{3} + \left(\left(-\frac{4}{8}\right) + \frac{1}{3}\right)$		
	$\frac{2}{3} + \frac{1}{3} + \left(-\frac{4}{8}\right)$	X	$\frac{2}{3} + \frac{1}{3} + \left(-\frac{4}{8}\right) = 1 - \frac{4}{8} = \frac{4}{8} = \frac{1}{2}$
e)	$\left(-\frac{5}{9}\right) + \frac{5}{12} + \frac{7}{12}$		
	$\left(-\frac{5}{9}\right) + \left(\frac{5}{12} + \frac{7}{12}\right)$	X	$\left(-\frac{5}{9}\right) + \left(\frac{5}{12} + \frac{7}{12}\right) = -\frac{5}{9} + 1 = \frac{4}{9}$
	$\left(-\frac{5}{9}\right) + \frac{7}{12} + \frac{5}{12}$		

6 **19.** *Quadratrechnen*

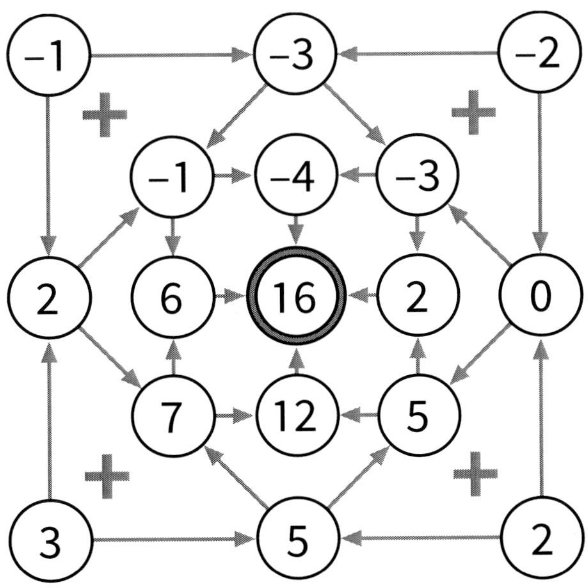

20.a) Die Summe ist unabhängig von der Reihenfolge.

b) Sind a, b, c, d die Ausgangszahlen, dann ergibt sich für das Zentralfeld $8(a + b + c + d)$.

c) Alle Zahlen a, b, c, d mit $a + b + c + d = 0$ ergeben im Zentralfeld 0.

7.6 Subtrahieren rationaler Zahlen

7.6.1 Einführung der Subtraktion – Subtraktionsregel

67 **21. a)** 7,44 – (–0,50) = 7,94
7,44 + 0,50 = 7,94

b) (1) (–5) – (+2) = (–5) + (–2) = (–7)
(2) (–5) – (–2) = (–5) + 2 = (–3)
(3) (+5) – (+2) = 5 + (–2) = 3
(4) (+5) – (–2) = 5 + 2 = 7

22. a)

–	2	–7	–2,5	–5,5
–5	–7	2	–2,5	+0,5
1	–1	8	3,5	6,5
–3,5	–5,5	3,5	–1	2
1,5	–0,5	8,5	4	7

b)

–	3,5	–0,8	–2,6	+1,9
–2,3	–5,8	–1,5	0,3	–4,2
1,7	–1,8	2,5	4,3	–0,2
–1,1	–4,6	–0,3	1,5	–3
0,3	–3,2	1,1	2,9	–1,6

23.

35
5 | 30
–23 | 28 | +2
–27 | 4 | 24 | –22
–15 | –12 | 16 | +8 | –30

6,6
–2,5 | 9,1
–5,2 | 2,7 | 6,4
–3,6 | –1,6 | 4,3 | 2,1
–0,8 | –2,8 | +1,2 | 3,1 | –1,0

24. Fülle die Lücken aus.

a) (–14) – (–6) = –8

b) 0,25 – (+0,5) = –0,25

c) $\left(-\frac{7}{8}\right) - (-1) = +\frac{1}{8}$

d) (+204) – (+120) = +84

e) $\left(+2\frac{1}{3}\right) - \left(-\frac{4}{3}\right) = \frac{11}{3}$

f) $\left(+2,\overline{3}\right) - \frac{8}{3} = -\frac{1}{3}$

7.6.2 Auflösen von Zahlenklammern – Vereinfachen eines Terms

68 **25.** 3 + (–7) + 2 = 3 – 7 + 2 = 2 – 7 + 3 = (–7) – (–2) + (+3) = –7 + 2 + 3 = 2 – (+7) – (–3) = (–2)
(+7) + (–3) + (–2) = (–3) + 7 – 2 = (–2) + 7 – 3 = –2 – 3 + 7 = 7 – 3 – 2 = (–3) – (–7) + (–2) = 2
–3 + 2 – 7 = (–7) + (–3) – (–2) = 2 + (–7) – 3 = –7 – 3 + 2 = (–3) – (+7) + (+2) = 2 – (+3) + (–7) = –8

26. Es ergibt sich das folgende Muster:

-2	3	-14	20	8	18
4	6	-16	-36	10	-23
-1	12	2	-11	-10	17
-4	-12	16	5	-6	-5
36	-9	-30	-7	13	-3
15	-18	21	-20	9	-8

7.7 Multiplizieren rationaler Zahlen

7.7.1 Einführung der Multiplikation – Multiplikationsregel

8 **27. a)**

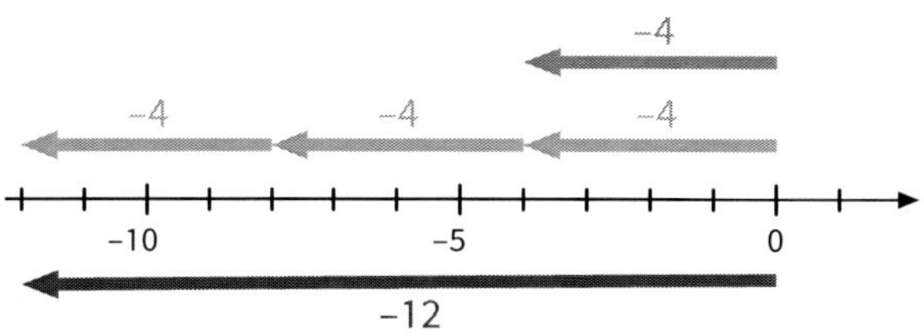

(–4) · 3 = (–12)

c)

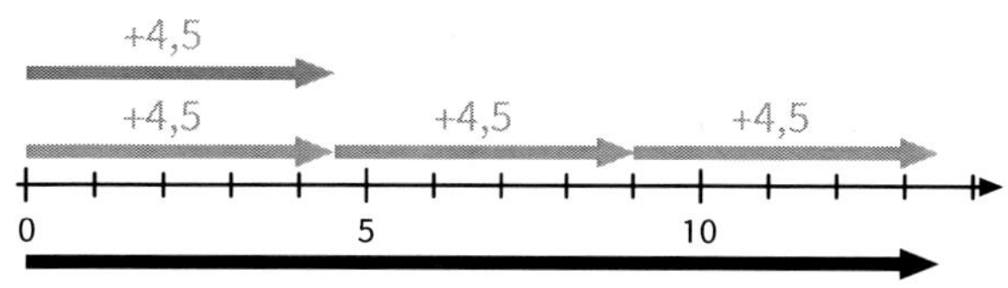

(+4,5) · 3 = 13,5

b)

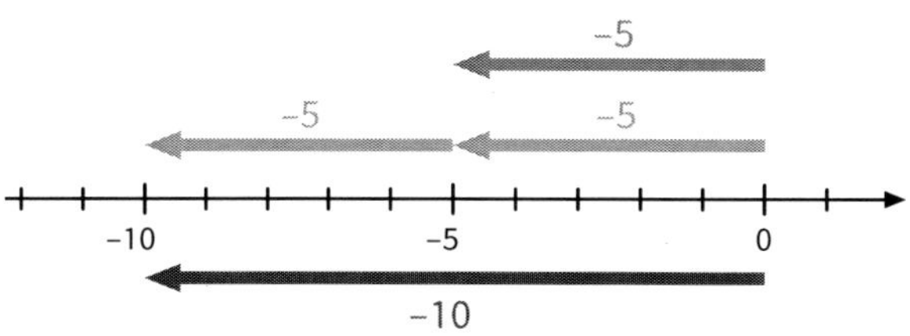

(–5) · 2 = (–10)

d)

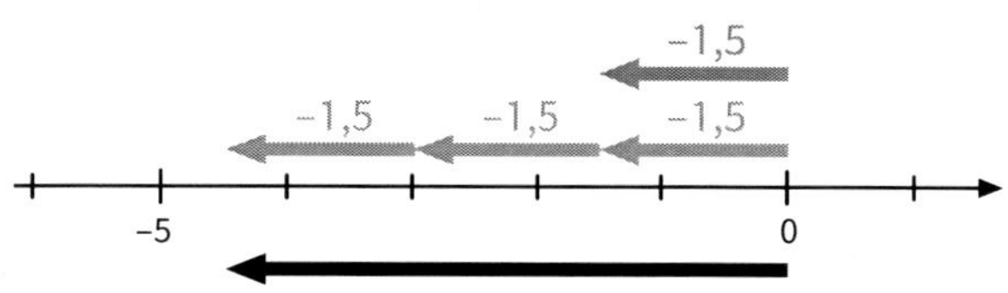

(–1,5) · 3 = (–4,5)

9 **28. a)** (–8) · 4 = –32

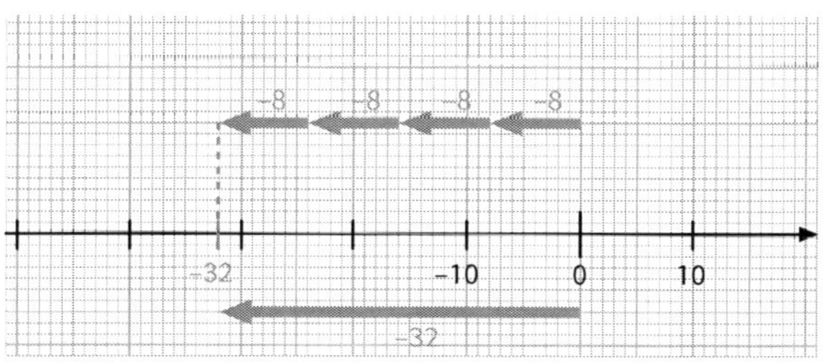

c) (+17) · 3 = 51

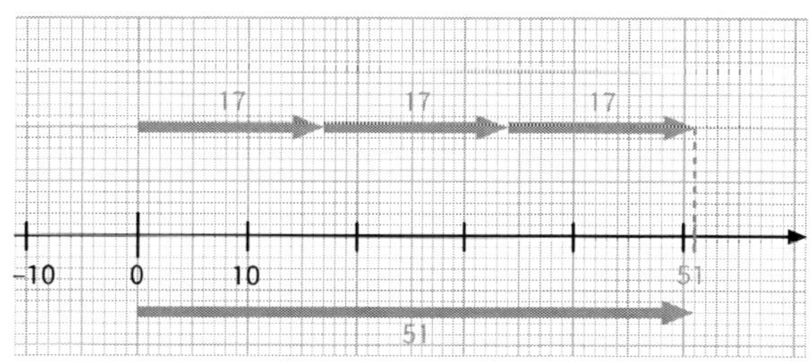

b) (–15) · 2 = –30

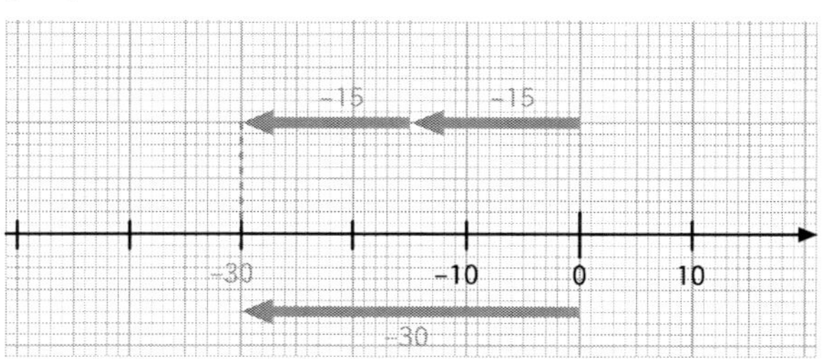

d) (–9) · 5 = –45

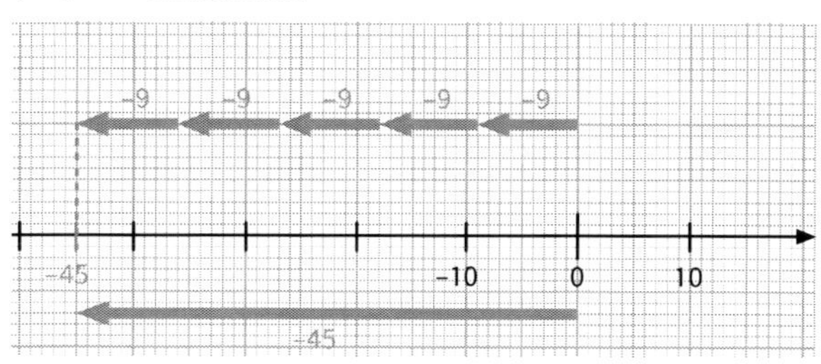

29. a)

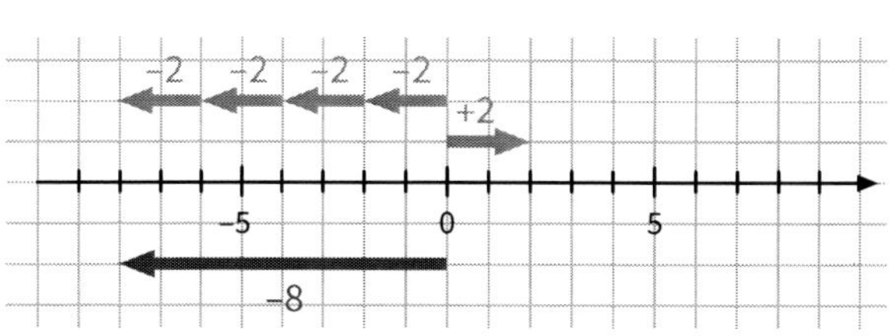

(+2) · (–4) = (–8)

c)

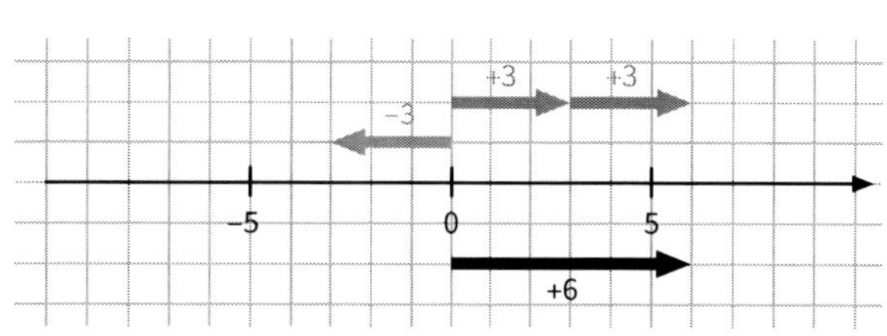

(–3) · (–2) = (+6)

b)

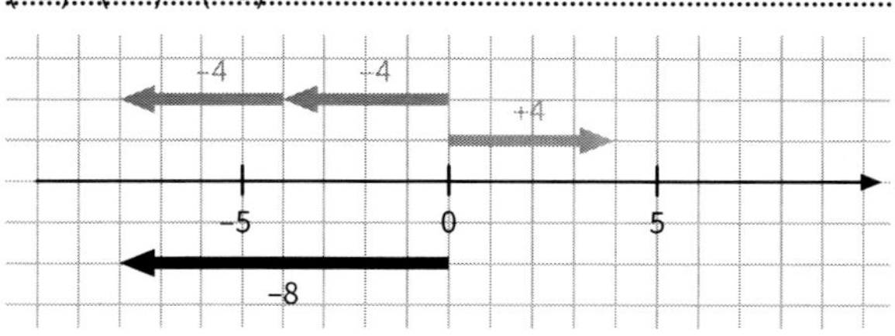

(+4) · (–2) = (–8)

d)

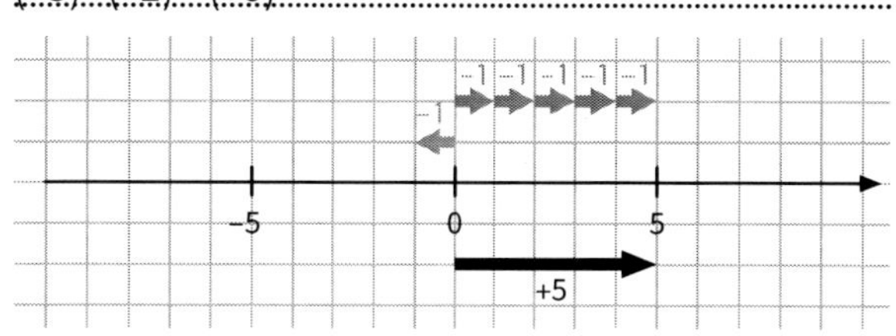

(–1) · (–5) = 5

69 **30. a)** $(+12) \cdot (-4) =$ –48

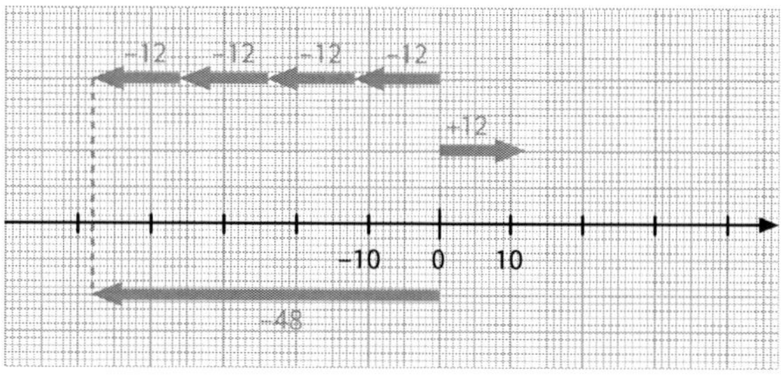

c) $(-8) \cdot (-5) =$ (+40)

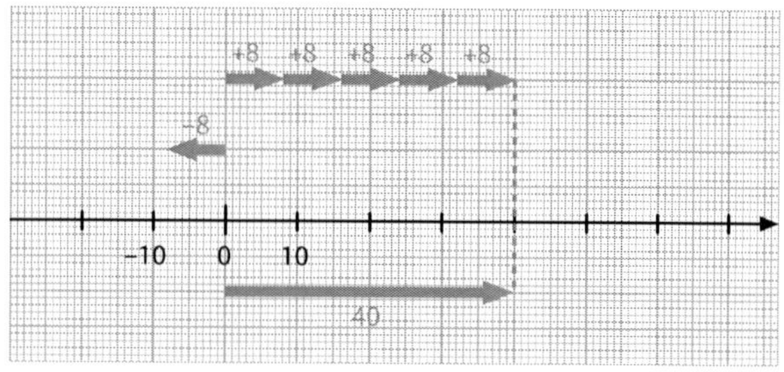

b) $(+9) \cdot (-4) =$ (–36)

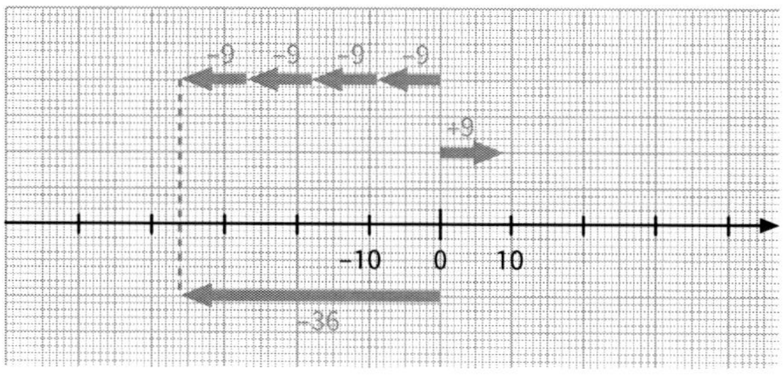

d) $(-4) \cdot (+6) =$ (–24)

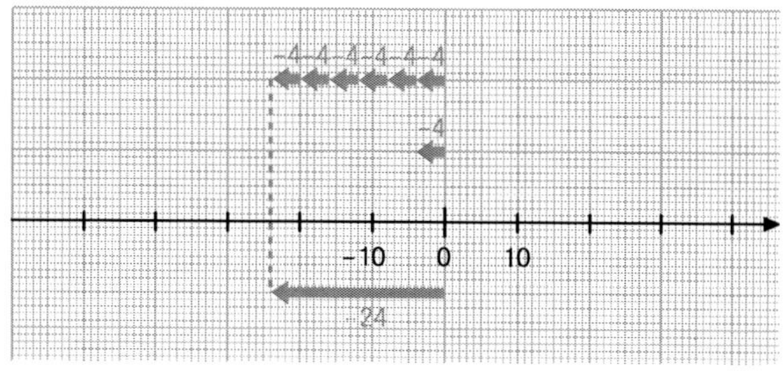

70 **31. a)**

·	2	–5	1	–7	–11
–7	–14	35	–7	49	77
8	16	–40	8	–56	–88
15	30	–75	15	–105	–165
–9	–18	45	–9	63	99
–12	–24	60	–12	84	132

b)

·	–2	–4	–0,1	$\frac{1}{2}$	–10
5,3	–10,6	–21,2	–0,53	2,65	–53
–0,8	1,6	3,2	0,08	–0,4	8
–11,4	22,8	45,6	1,14	–5,7	114
0,1	–0,2	–0,4	–0,01	0,05	–1
–3,6	7,2	14,4	0,36	–1,8	36

32. Multipliziere nebeneinanderstehende Zahlen und schreibe das Ergebnis in das Feld darüber.

a)

–32

–1 | 32

–1 | 1 | 32

2 | $-\frac{1}{2}$ | –2 | –16

–2 | –1 | $\frac{1}{2}$ | –4 | 4

b)

–1

$\frac{27}{4}$ | $-\frac{4}{27}$

$\frac{27}{4}$ | $\frac{1}{9}$ | $-\frac{4}{3}$

$-\frac{27}{2}$ | $-\frac{1}{2}$ | $-\frac{2}{9}$ | 6

9 | $-\frac{3}{2}$ | $\frac{1}{3}$ | $-\frac{2}{3}$ | –9

0 **33. a)**

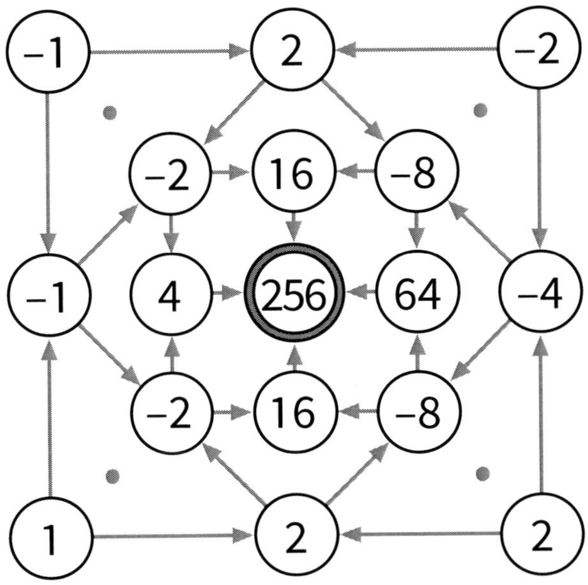

b) Ja, wenn eine der Zahlen 0 ist.

7.7.2 Rechengesetze der Multiplikation

1 **34.**

a)

Welcher Weg scheint dir am günstigsten zu sein?		Deine Rechnung
X	$\frac{2}{3} \cdot \left(-\frac{15}{18}\right) \cdot \left(-\frac{14}{5}\right)$	
	$\frac{2}{3} \cdot \left(\left(-\frac{15}{18}\right) \cdot \left(-\frac{14}{5}\right)\right)$	$\frac{2}{3} \cdot \left(-\frac{15}{18}\right) \cdot \left(-\frac{14}{5}\right) = \left(-\frac{5}{9}\right) \cdot \left(-\frac{14}{5}\right) = \frac{14}{9}$
	$\frac{2}{3} \cdot \left(-\frac{14}{5}\right) \cdot \left(-\frac{15}{18}\right)$	

b)

	$\left(-\frac{5}{8}\right) \cdot \frac{9}{11} \cdot \left(-\frac{4}{5}\right)$	
	$\left(-\frac{5}{8}\right) \cdot \left(\frac{9}{11} \cdot \left(-\frac{4}{5}\right)\right)$	$\left(-\frac{5}{8}\right) \cdot \left(-\frac{4}{5}\right) \cdot \frac{9}{11} = \frac{1}{2} \cdot \frac{9}{11} = \frac{9}{22}$
X	$\left(-\frac{5}{8}\right) \cdot \left(-\frac{4}{5}\right) \cdot \frac{9}{11}$	

7.8 Dividieren rationaler Zahlen

35. Tiermagazin: (–54,00) : 12 = (–4,50) Tageszeitung: (–79,50) : 3 = (–26,50)

Garten & Hobby: (–22,80) : 6 = (–3,80)

Das Tiermagazin kostet monatlich 4,50 €, die Tageszeitung 26,50 € und die Zeitschrift Garten&Hobby 3,80 €.

36. 132 : (–11) = (–12) $\left(-\frac{6}{5}\right) : (+3) = -\frac{2}{5}$ 0 : (–2,5) = 0

71 **37. a)**

-8				
$-\frac{1}{16}$	128			
-1	16	$\frac{1}{8}$		
2	-2	$-\frac{1}{8}$	-1	
-2	-1	$\frac{1}{2}$	-4	4

b)

81				
4	$\frac{4}{81}$			
4	1	$\frac{81}{4}$		
-6	$-\frac{3}{2}$	$-\frac{3}{2}$	$\frac{2}{27}$	
9	$-\frac{3}{2}$	1	$-\frac{2}{3}$	-9

72 **38. a)**

:	-1	-4	$-\frac{1}{2}$	3	0,2
2,4	-2,4	-0,6	-4,8	0,8	12
-1	1	$\frac{1}{4}$	2	$-\frac{1}{3}$	-5
-4,2	4,2	1,05	8,4	-1,4	-21
0	0	0	0	0	0
$-\frac{1}{2}$	$\frac{1}{2}$	$\frac{1}{8}$	1	$-\frac{1}{6}$	$-2\frac{1}{2}$

b) **(1)** $-\frac{3}{8} : \frac{1}{3} = -\frac{9}{8} = -1\frac{1}{8}$

(2) $-\frac{3}{8} : -\frac{9}{8} = \frac{1}{3}$

(3) $\frac{1}{8} : \frac{3}{8} = \frac{1}{3}$

(4) $-\frac{1}{3} : -\frac{8}{9} = \frac{3}{8}$

(5) $0 : \left(-\frac{2}{3}\right) = 0$

(6) $-\frac{3}{4} : (-1) = \frac{3}{4}$

(7) $-\frac{4}{25} : \frac{2}{5} = -\frac{2}{5}$

(8) $\frac{2}{4} : -1 = -\frac{1}{2}$

7.9 Vermischte Übungen zu den Grundrechenarten

39. **a)** $-3{,}7 + (-1{,}5) = -5{,}2$
b) $\frac{5}{8} - \left(-\frac{1}{4}\right) = \frac{7}{8}$
c) $-\frac{4}{9} \cdot \left(-\frac{3}{4}\right) = \frac{1}{3}$
d) $78 : (-6) = -13$
e) $-2{,}75 - (-3{,}25) = \frac{1}{2}$
f) $\left(-1\frac{1}{3}\right) : -\frac{2}{5} = 3\frac{1}{3}$
g) $12\frac{3}{4} \cdot \left(-\frac{2}{3}\right) = -\frac{17}{2}$
h) $(-121) + (203) = 82$

40. **a)** $-6 \cdot 3 = -18$
b) $-6 - 3 = -9$
c) $-6 + 3 = -3$
d) $-6 : 3 = -2$
e) $-3 - (-2) = (-1)$
f) $\frac{2}{3} : \left(-\frac{3}{2}\right) = \left(-\frac{4}{9}\right)$
g) $-1\frac{1}{4} \cdot 0{,}2 = -\frac{1}{4}$
h) $-7 + -5 = -12$

41.

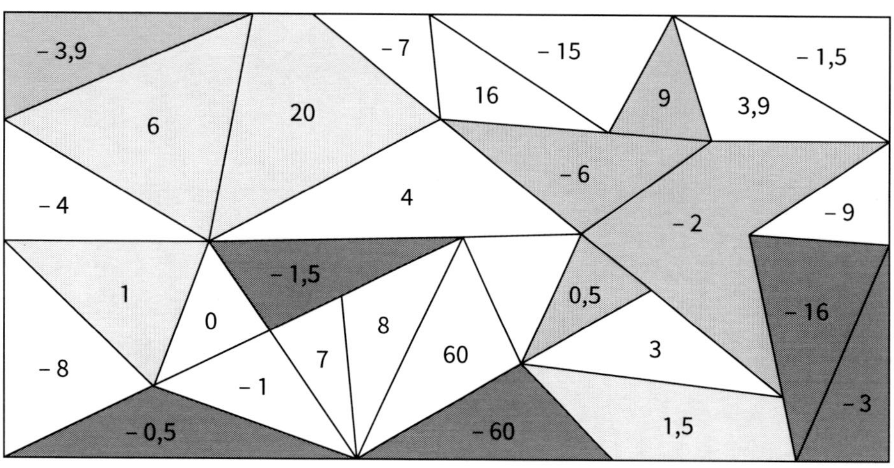

7.10 Zahlterme – Distributivgesetz

7.10.1 Regeln für das Berechnen von Zahltermen

42. a) $\left(-\frac{2}{3}+\frac{3}{8}\right):\left(\frac{1}{2}\cdot\frac{1}{6}\right)=-\frac{2}{7}$

(3)

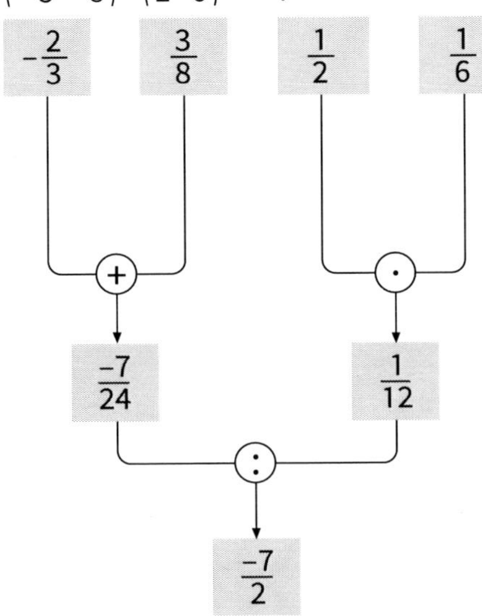

b) $\frac{-2}{3}+\frac{3}{8}:\frac{1}{2}\cdot\frac{1}{6}=-\frac{13}{24}$

(6)

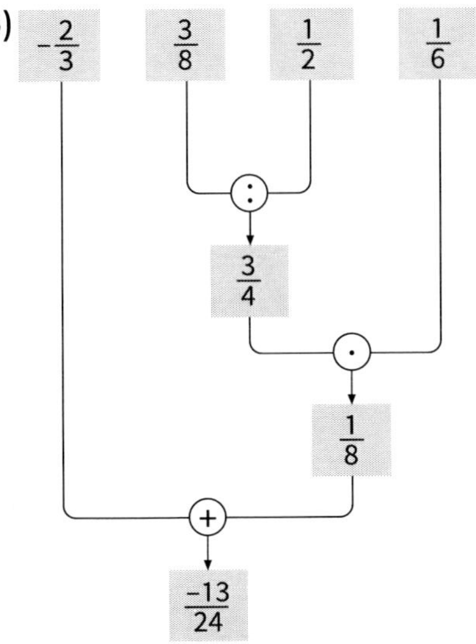

c) $\left(-\frac{2}{3}+\frac{3}{8}\right):\frac{1}{2}\cdot\frac{1}{6}=-\frac{7}{72}$

(4)

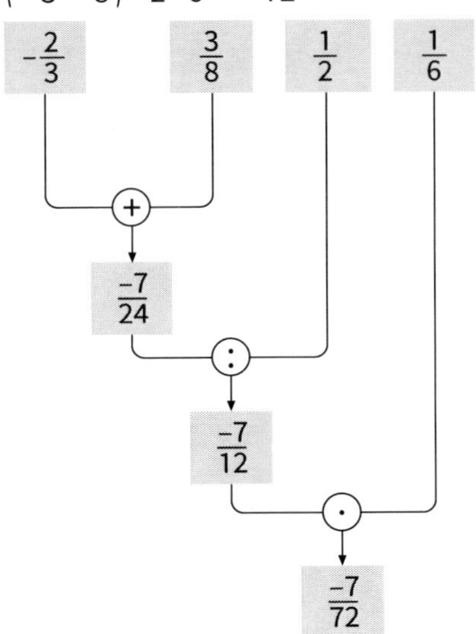

d) $\frac{-2}{3}+\frac{3}{8}:\left(\frac{1}{2}\cdot\frac{1}{6}\right)=\frac{23}{6}$

(1)

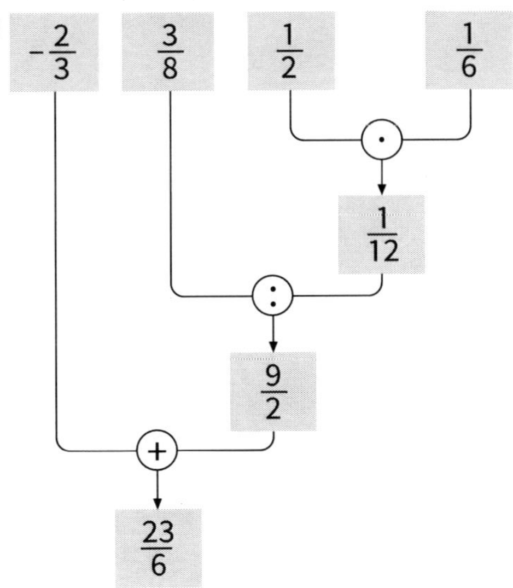

e) $\left(-\frac{2}{3}+\left(\frac{3}{8}:\frac{1}{2}\right)\right)\cdot\frac{1}{6}=\frac{1}{72}$

(2)

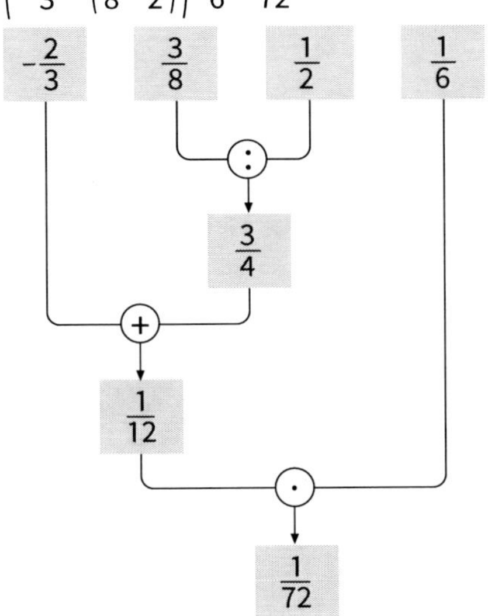

74 **43.**

−2	10	−7	8	−10	−1
12	16	−18	3	25	−9
−16	−30	−13	2	−8	29
−5	20	−4	14	−12	18
15	−20	0	1	9	4
6	−32	23	−11	−27	−17

44. Wert −17: $-13 - 4$; Summe aus −13 und −4

Wert −22: $-2 \cdot (6 - (-5))$; Produkt aus −2 und der Differenz aus 6 und −5

Wert −0,25: $\frac{-5+3}{(-8)\cdot(-1)}$; Quotient aus der Summe von −5 und 3 und dem Produkt aus −8 und −1

Wert −32: $(-2)^5$; Basis ist −2, der Exponent 5

Wert 81: $(-27 : (-3))^2$; Quadratzahl des Quotienten von −27 und −3

Wert −7: $((-14) : (-2)) \cdot (-1)$; Produkt aus dem Quotienten von −14 und −2 und −1

Wert −64: $(-5 - 3) \cdot \frac{-8}{-1}$; Produkt aus der Differenz von 5 und 3 und dem Quotienten aus −8 und −1

Wert −2: $\frac{-2}{6-5}$; Quotient aus −2 und der Differenz aus 6 und 5

75 **45.a)** 1. Zeile: Ausreißer in der 3. Spalte (Wert 1,5), andere haben den Wert (−1,5).

2. Zeile: Ausreißer in der 3. Spalte (Wert 1,5), andere haben das Ergebnis 2,4.

3. Zeile: Ausreißer in der 4. Spalte $\left(\text{Wert} \left(\frac{-3}{64}\right)\right)$, andere haben das Ergebnis $\left(-\frac{3}{4}\right)$.

4. Zeile: Ausreißer in der 2. Spalte $\left(\text{Wert} \left(-\frac{2}{3}\right)\right)$, andere haben das Ergebnis $\left(-\frac{3}{128}\right)$.

b) $-\frac{2}{3} < -\frac{3}{64} < 1{,}5 = 1{,}5$

7.10.2 Distributivgesetz

5 **46.a)** $\left[(+3)+\left(-\frac{1}{4}\right)\right]\cdot \underline{8} = 24-2 = \underline{22}$

b) $\underline{\left(-\frac{1}{2}\right)}\cdot 3+\left(-\frac{1}{2}\right)\cdot \underline{(-5)} = \left(-\frac{1}{2}\right)\cdot\left[(\underline{+3})+(-5)\right] = \underline{1}$

c) $\underline{(-2)}\cdot\left(-\frac{5}{6}\right)+(+2)\cdot\left(-\frac{5}{6}\right) = \left[\underline{-2}+2\right]\cdot\underline{\left(-\frac{5}{6}\right)} = 0$

d) $\left(-\frac{5}{8}\right)-\frac{5}{8}\cdot\left(\frac{3}{7}\right) = \left(+\frac{5}{8}\right)\cdot\left[(\underline{-1})-\left(+\frac{3}{7}\right)\right] = \underline{-\frac{25}{28}}$

e) $\underline{0{,}5}\cdot 4{,}4+3{,}6\cdot\underline{0{,}5} = 0{,}5\cdot(\underline{4{,}4}+\underline{3{,}6}) = \underline{5}\cdot 0{,}8 = \underline{4}$

7.11 Vergleich der Zahlbereiche ℕ, $\mathbb{Q}_+$, ℚ und ℤ

47. Die ersten drei Aussagen sind wahr, die letzten drei Aussagen sind falsch.

Bist du kompetent im Umgang mit Zahlen und Operationen negativen Zahlen?

6 **48.a)** Geordnet nach den Höchstemperaturen, beginnend mit der höchste Temperatur:
Madrid, Athen, Stuttgart, Hamburg, Rom, Oslo, Helsinki, Moskau

Geordnet nach den Tiefstemperaturen, beginnend mit der höchste Temperatur:
Athen, Rom, Stuttgart, Oslo, Hamburg, Madrid, Helsinki, Moskau

b) Temperaturunterschiede in den Städten

Stadt	Madrid	Rom	Wien	Oslo	Athen	Moskau	Helsinki	Hamburg	Stuttgart
Temperatur-unterschied	22,8 °C	0 °C	5,6 °C	5,9 °C	3,4 °C	8 °C	7 °C	9 °C	6,4 °C

c) In Wien ist es tagsüber 12,6 °C kälter als in Madrid und nachts 8,8 °C wärmer als in Moskau. In der Nacht ist es in Hamburg 11,5 °C kälter als in Stuttgart am Tage.
Der größte Temperaturunterschied (tiefste Nachttemperatur und höchste Tagestemperatur) ist zwischen Madrid und Rom und beträgt 22,8 °C.

49.a) $(0{,}4+2{,}6+0{,}6-4{,}2-2{,}8-3{,}4-6{,}2-8{,}5-7{,}2-6{,}2):10 = -3{,}49 \approx -3{,}5$

b) Der Term beschreibt die Durchschnittstemperatur an Messstation 2 in den 10 Messtagen.

c) **(1)** $(+0{,}4-4{,}2-4{,}2 = 0{,}4-(2\cdot 4{,}2)):3 = (0{,}4-8{,}4):3 = -8:10 = -2\frac{2}{3} \approx -2{,}3$

(2) $(-6{,}2-8{,}5-7{,}2-6{,}2-5{,}8-4{,}2-2{,}8-7{,}2-1{,}5-2{,}9-6{,}2-2{,}8):12$

$= (3\cdot(-6{,}2)+2\cdot(-7{,}2)+2\cdot(-2{,}8)+(-5{,}8-4{,}2)+(-8{,}5-1{,}5)-2{,}9):12$

$= (-18{,}6-14{,}4-5{,}6-10-10-2{,}9):12$

$= (-33-5{,}6-20-2{,}9):12$

$= (-53-8{,}5):12$

$= -61{,}5:12$

$\approx -5{,}125$

$\approx -5{,}1$

Schroedel
westermann

Elemente der Mathematik
EdM

www.schroedel.de

ISBN 978-3-507-85911-1
9 783507 859111